同济大学本科教材出版基金资助

矿物与岩石光学显微镜鉴定

叶真华　叶为民　编

同济大学 出版社

TONGJI UNIVERSITY PRESS

内 容 提 要

本教材教学内容主要包括岩石矿物晶体,光率体,矿物,偏光显微镜,网络数码实验互动系统,矿物在单偏光、正交偏光和锥光下的鉴定方法,以及岩浆岩、沉积岩和变质岩的鉴定等,共安排了 12 个实验,系统、全面地覆盖了地质工程专业及土木工程类相关专业本科生修学少学时"矿物与岩石"课程的教学内容,同时注意了网络数码实验互动系统等现代实验技术的引入。

本教材可作为地质工程专业及土木工程类本科生修学"矿物与岩石"课程的配套实验用教材,也可作为相关专业的工程技术人员、实验员日常工作(实验)的参考书。

图书在版编目(CIP)数据

矿物与岩石光学显微镜鉴定 / 叶真华,叶为民编
. —上海:同济大学出版社,2020.8
ISBN 978-7-5608-9329-7

Ⅰ. ①矿… Ⅱ. ①叶… ②叶… Ⅲ. ①光学显微镜—
应用—岩矿鉴定—教材 Ⅳ. ①P585

中国版本图书馆 CIP 数据核字(2020)第 131955 号

矿物与岩石光学显微镜鉴定

叶真华　　叶为民　编
责任编辑　胡晗欣　　**责任校对**　徐春莲　　**封面设计**　潘向蓁

出版发行	同济大学出版社　　www.tongjipress.com.cn	
	(地址:上海市四平路 1239 号　邮编:200092　电话:021-65985622)	
经　销	全国各地新华书店	
排　版	南京文脉图文设计制作有限公司	
印　刷	常熟市华顺印刷有限公司	
开　本	787 mm×1092 mm　1/16	
印　张	9.75	
字　数	243 000	
版　次	2020 年 8 月第 1 版　　2020 年 8 月第 1 次印刷	
书　号	ISBN 978-7-5608-9329-7	

定　价　　48.00 元

前　言

　　矿物与岩石学是地质类专业一门重要的专业基础课,涉及结晶学基础、晶体光学、造岩矿物学及岩石学等方面内容。晶体光学是矿物学的研究方法和手段,矿物学是岩石学的岩石成分鉴定与成因研究的基础。

　　本书以晶体、光率体、矿物、岩浆岩、沉积岩和变质岩等内容为主线,安排了 12 个实验,覆盖了少学时的矿物与岩石学课程的教学要求,配备了部分实验案例与作业题,同时注重了网络数码实验互动系统等现代实验技术的引入,循序渐进地引导读者掌握并巩固相关知识。本书适合作为高等院校地质类学生学习矿物与岩石学课程的实验教材,亦可作为相关专业的工程技术、实验人员日常工作(实验)的参考书。

　　本书是编者在整理近几年来教学材料的基础上,结合同济大学地质实验室实验设备、矿物岩石标本及光学薄片等资料,参考《结晶学及矿物学》(赵珊茸)、《晶体光学》(李德惠)、《晶体光学及光性矿物学》(曾广策等)、《透明矿物薄片鉴定手册》(常丽华等)和《火成岩鉴定手册》等书编写而成。

　　叶真华负责总体框架设计和第2～12章编写,叶为民参与总体框架设计和第1章编写。叶真华负责统稿和审校。

　　本书的出版获得了"同济大学本科教材出版基金"的资助;编写过程中,得到了业界、学界专家及师生的支持与配合,特别是同济大学出版社胡晗欣编辑和其他编辑们的鼎力支持;同济大学海洋学院邵磊教授也给予了大力支持。借此机会,一并谨表谢意。

　　鉴于编者水平所限,书中疏漏和不当之处在所难免,敬请专家和读者批评指正。

编者

2020 年 6 月

目　录

实验一

晶体的对称型及晶族、晶系的确定

一、实验的目的与要求

(1) 掌握对称型的概念；

(2) 学会在晶体模型上寻找对称要素和确定对称型；

(3) 学会对照表确定晶族和晶系。

二、晶体与非晶质体

自然界的矿物一般都是天然晶体。研究矿物将涉及晶体许多固有的特性和结晶学法则与定律。因此,学习矿物学必须具备结晶学的基础。

一切晶体,不论其外形如何,它的内部质点(原子、离子或分子)都是按规律排列的。这种规律表现为质点在三维空间作周期性的平移重复,从而构成了所谓的格子构造。因此,凡是质点按规律排列成具有格子构造的物质即称为结晶质。结晶质在空间的有限部分即为晶体(图 1-1)。

(a) 石英SiO₂ 　　 (b) 食盐NaCl 　　 (c) 方解石CaCO₃ 　　 (d) 磁铁矿Fe₃O₄

图 1-1　晶体

由此,我们可以对晶体作出如下定义:晶体是具有格子构造的固体。相反,有些形状似固体的物质如玻璃、琥珀、松香等,它们的内部质点不按规则排列,不具格子构造,故称为非晶质或非晶质体。从内部结构的角度来看,非晶质体中质点的分布颇类似于液体。自然界的矿物、岩石以及砂粒与土壤,实验室的多种药品与试剂,建筑用的钢材,日用陶瓷,以及食用的糖和盐都是晶体。各类晶体形态复杂多样,大小悬殊。例如,有的矿物晶体可重达百吨,直径数十米,有的则需要借助显微镜,甚至电子显微镜或 X 线分析方能识别。

三、空间格子

晶体的本质在于内部质点在三维空间作平移周期重复。空间格子是表示这种重复规律的几何图形。以氯化铯(CsCl)的晶体结构(图 1-2)为例。在图 1-2(a)中,双圈与黑点分别表示 Cl⁻ 和 Cs⁺ 离子的中心。可以看出,无论 Cl⁻ 离子或 Cs⁺ 离子在晶体结构的任一方向上都是每隔一定的距离重复出现一次。由此可见,相当点的分布可以体现晶体结构中所有质点的平移重复规律。连接三维空间的相当点,即获得空间格子,其一般形式如图1-3所示。

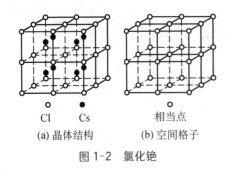

○ Cl　● Cs　　　相当点
(a) 晶体结构　(b) 空间格子
图 1-2　氯化铯

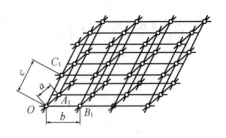

图 1-3　空间格子

四、晶体的基本性质

由于晶体是具有格子构造的固体,因此,也就具备着晶体所共有的、由格子构造所决定的基本性质,包括自限性、均一性、异向性(各向异性)、对称性、最小内能和稳定性。

1. 自限性

自限性是指晶体在适当条件下可以自发地形成几何多面体的性质。由图1-4可以看出,晶体为平的晶面所包围,晶面相交成直的晶棱,晶棱会聚成尖的角顶。晶体的多面体形态,是其格子构造在外形上的直接反映。晶面、晶棱与角顶分别与格子构造中的面网、行列及节点相对应,它们之间的关系如图1-4所示。

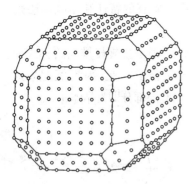

图 1-4　晶面、晶棱、角顶与面网、
行列、节点的关系

2. 均一性

因为晶体是具有格子构造的固体,在同一晶体的各个不同部分,质点的分布是一样的,所以晶体各个部分的物理性质与化学性质也是相同的,这就是晶体的均一性。但必须指出的是,非晶质体也具有其均一性,如玻璃不同部分的折射率、膨胀系数、导热率等都是相同的。

但是,由于非晶质的质点排列不具有远程规律,即不具有格子构造,所以其均一性是统计的、平均近似的均一,称为统计均一性。而晶体的均一性是取决于其格子构造的,称为结晶均一性。二者有本质的差别,不能混为一谈。液体和气体也具有统计均一性。

3. 异向性(各向异性)

同一格子构造中,质点在不同方向上的排列一般是不一样的,因此,晶体的性质也随方向的不同而有显著的差别。如云母、方解石等矿物晶体,具有完好的解理,受力后可沿晶体一定的方向,裂开成光滑的平面。在矿物晶体的力学、光学、热学、电学等性质中,都有明显的异向性的体现。

4. 对称性

晶体具异向性,但这并不排斥在某些特定的方向上具有相同的性质。在晶体的外形上,也常有相等的晶面、晶棱和角顶重复出现。这种相同的性质在不同的方向或位置上有规律的重复,就是对称性。晶体的格子构造本身就是质点重复规律的体现。

5. 最小内能

在相同的热力学条件下,晶体与同种物质的非晶质体、液体、气体相比较,其内能最小。所谓内能,包括质点的动能与势能(位能)。动能与物体所处的热力学条件有关,温度越高,质点的热运动越强,动能也就越大,因此它不能直接用来比较物体间内能的大小。可以用来比较内能大小的只有势能,势能取决于质点间的距离与排列。晶体是具有格子构造的固体,其内部质点是按规律排列的,这种规律的排列是质点间的引力与斥力达到平衡的结果。在这种情况下,无论使质点间的距离增大或缩小,都将导致质点相对势能的增加。非晶质体、液体、气体由于它们内部质点的排列是不规律的,质点间的距离不可能是平衡距离,从而它们的势能也较晶体为大。也就是说,在相同的热力学条件下,它们的内能都较晶体为大。实验证明,当物体由气态、液态、非晶质状态过渡到结晶状态时,都有热能的析出,相反,晶格的破坏也必然伴随着吸热效应。

6. 稳定性

晶体由于有最小内能,因而结晶状态是一个相对稳定的状态,这就是晶体的稳定性。这一点可以由晶体与气体、液体中质点的运动状态的不同来说明。在气体中,质点作直线的前进运动,质点运动的方向只有与其他质点相碰撞时才改变。因此,气体有扩散的性质,趋向于占有最大的体积。在液体中,质点联系比在气体中更紧密,质点运动时彼此不分离。质点的运动存在双重性,即质点在振动的同时其位置也在相对移动。因此,液体可以流动,液体的形态取决于容器的形态。晶体是具有格子构造的,质点只在其平衡位置上振动,而不脱离其平衡位置。因此,晶体是一个相对稳定的体系,结晶状态是一个相对稳定的状态,要使其向液态或气态转化,必须从外界传入能量。正是由于晶体具备了稳定性,才能使其格子构造及其规律的几何外形得以保持。

五、晶体对称的特点

晶体是具有对称性的,晶体外形的对称表现为相同的晶面、晶棱和角顶有规律的重复。晶体的对称与其他物体的对称不同。晶体的对称取决于它内在的格子构造。因此,晶体的对称具有如下特点。

(1)由于晶体内部都具有格子构造,而格子构造本身就是质点在三维空间周期重复的体现,因此,从这种意义上来说,所有的晶体都具有对称性。

(2)晶体的对称受格子构造规律的限制。也就是说只有符合格子构造规律的对称才能在晶体上体现。因此,晶体的对称是有限的。

(3)晶体的对称取决于其内在的本质——格子构造,因此,晶体的对称不仅体现在外形上,同时也体现在物理性质(如光学、力学、热学、电学性质等)上,也就是说晶体的对称不仅包含着几何意义,也包含着物理意义。

六、对称操作和对称要素

欲使对称图形中相同部分重复,必须通过一定的操作,这种操作就称为对称操作。在进行对称操作时所凭借的辅助几何要素(点、线、面)称为对称要素。晶体外形可能存在的对称要素和相应的对称操作如下。

1. 对称面(P)

对称面是一个假想的平面,相应的对称操作为对于此平面的反映。它将物体(或图形)平分为互为镜像的两个相等部分。

图 1-5(a)中 P_1 和 P_2 都是对称面(垂直纸面),因为它们都可以把图形 $ABDE$ 平分成两个互为镜像的相等部分,但图 1-5(b)中的 AD 则不是图形 $ABDE$ 的对称面,因为它虽然把图形 $ABDE$ 平分为△AED 与△ABD 两个相等部分,但这二者并不是互为镜像,△AED 的镜像是△AE_1D。晶体中对称面与晶面、晶棱可能存在如下关系。

(1) 垂直并平分晶面;

(2) 垂直晶棱并通过它的中心;

(3) 包含晶棱。

对称面以 P 表示,在晶体中可以没有,或有一个,或有几个对称面。在描述中,一般把对称面的数目写在符号 P 的前面,如立方体有 9 个对称面(图 1-6),记作 $9P$。

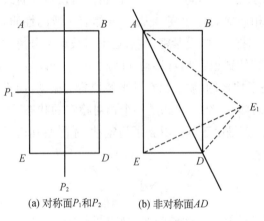

(a) 对称面P_1和P_2 (b) 非对称面AD

图 1-5　对称面和非对称面

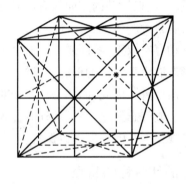

图 1-6　立方体的9个对称面

2. 对称轴(L^n)

对称轴是一根假想的直线,相应的对称操作是围绕此直线的旋转。当图形围绕此直线旋转一定角度后,可使相等部分重复。旋转一周重复的次数称为轴次(n)。重复时所旋转的最小角度称基转角 α,二者之间的关系为 $n=360°/\alpha$。

对称轴用 L 表示,轴 n 写在它的右上角,写作 L^n。一次对称轴 L^1 无实际意义,因为晶体围绕任一直线旋转 $360°$ 都可以恢复原状,轴次高于 2 的对称轴,即 L^3,L^4,L^6 称高次轴。

3. 对称中心(C)

对称中心是一个假想的点,相应的对称操作是对此点的反伸(或称倒反)。如果通过此点作任意直线,则在此直线上距对称中心等距离的两端,必定可以找到对应点。

对称中心以字母 C 来表示。在通过 C 点所作的直线上,距 C 点等距离的两端可以找到对应点。在晶体中,若存在对称中心时,其晶面必然都是两两平行而且相等的。这一点可以用来作为判别晶体或晶体模型有无对称中心的依据。

4. 旋转反伸轴（L_i^n）

旋转反伸轴是一根假想的直线，相应的对称操作是围绕此直线的旋转和对此直线上的一个点反伸的复合操作。图形围绕此直线旋转一定角度后，再对此直线上的一个点进行反伸，可使相等部分重复。

旋转反伸轴以 L_i^n 表示，轴次 n 可为 1，2，3，4，6。相应的基转角为 $360°$，$180°$，$120°$，$90°$，$60°$。

七、晶体的分类

根据晶体对称的特点，可以对晶体进行合理的科学分类。首先，把属于同一对称型的晶体归为一类，称为晶类。晶体中存在 32 个对称型，亦即有 32 个晶类。

根据是否有高次轴以及有一个或多个高次轴，把 32 个对称型归纳为低、中、高级三个晶族（表 1-1）。

表 1-1　晶体的对称分类

晶族	晶系	对称特点	对称型种类
低级晶族（无高次轴）	三斜晶系	无 L^2，无 P	1. L^1 2. C
	单斜晶系	L^2 或 P 不多于 1 个	3. L^2 4. P 5. L^2PC
	斜方晶系	L^2 或 P 多于 1 个	6. $3L^2$ 7. L^22P 8. $3L^23PC$
中级晶族（只有一个高次轴）	四方晶系	有 1 个 L^4 或 L_i^4	9. L^4 10. L^44L^2 11. L^4PC 12. L^44P 13. L^44L^25PC 14. L_i^4 15. $L_i^42L^22P$
	三方晶系	有 1 个 L^3 或 L_i^3	16. L^3 17. L^33L^2 18. $L^3C=L_i^3$ 19. L^33P 20. $L^33L^23PC=L_i^33L^23P$
	六方晶系	有 1 个 L^6 或 L_i^6	21. L^6 22. L^66L^2 23. L^6PC 24. L^66P 25. L^66L^27PC 26. $L_i^6=L^3P$ 27. $L_i^63L^23P=L^33L^24P$

(续表)

晶族	晶系	对称特点	对称型种类
高级晶族 (有数个高次轴)	等轴晶系	有 4 个 L^3	28. $3L^2 4L^3$ 29. $3L^2 4L^3 3PC$ 30. $3L_i^4 4L^3 6P$ 31. $3L^4 4L^3 6L^2$ 32. $3L^4 4L^3 6L^2 9PC$

在各晶族中,再根据对称特点划分晶系,晶系共有7个。它们是属于低级晶族的三斜晶系(无对称轴和对称面)、单斜晶系(二次轴和对称面各不多于一个)和斜方晶系(二次轴或对称面多于一个);属于中级晶族的四方晶系(有一个四次轴)、三方晶系(有一个三次轴)和六方晶系(有一个六次轴);属于高级晶族的等轴晶系(有四个三次轴)。在结晶学及矿物学的研究中,熟练地掌握3个晶族、7个晶系、32个对称型这一晶体分类体系及其划分依据是十分必要的。

八、晶体定向、晶面符号与晶带

由于对称性和各向异性是晶体最突出的基本特性,因此不论在晶体形态、物性、内部结构的研究中,还是进行矿物晶体鉴定,晶体定向都是必需的。晶体定向后,晶体上的各个晶面和晶棱的空间方位即可以一定的指数(晶面或晶棱符号)予以表征。

1. 晶体定向的概念

晶体定向就是在晶体中确定坐标系统。具体说来,就是要选定坐标轴(晶轴)和确定各晶轴上单位长(轴长)之比(轴率)。

(1) 晶轴。如图 1-7(a)所示,晶轴系交于晶体中心的三条直线,一般应与对称轴或对称面的法线重合。它们分别为 x 轴(前端为"＋",后端为"－")、y 轴(右端为"＋",左端为"－")和 z 轴(上端为"＋",下端为"－"),对于三方和六方晶系要增加一个 u 轴(前端为"－",后端为"＋")[图 1-7(c)]。

(2) 轴角。轴角是指晶轴正端之间的夹角,它们分别以 $\alpha(y \wedge z)$,$\beta(z \wedge x)$ 和 $\gamma(x \wedge y)$ 表示。等轴、四方和斜方晶系晶轴为直角坐标 $\alpha = \beta = \gamma = 90°$;在三方和六方晶系中,$\alpha = \beta = 90°$,$\gamma = 120°$($x$ 轴和 y 轴正端夹角);单斜晶系中,一轴倾斜从而使 $\alpha = \gamma = 90°$,$\beta > 90°$;三斜晶系中三晶轴彼此斜交,$\alpha \neq \beta \neq \gamma \neq 90°$[图 1-7(f)]。

(3) 轴长与轴率。晶轴系格子构造中的行列,该行列上的结点间距称为轴长。x,y,z 轴上的轴长分别以 a,b,c 表示。根据晶体外形的宏观研究不能定出轴长,但应用几何结晶学的方法可以求出它们的比率 $a:b:c$,这一比率称为轴率。

等轴晶系晶体对称程度高,晶轴 x,y,z 为彼此对称的行列,它们通过对称要素的作用可以相互重合,因此它们的轴长是相同的,即 $a=b=c$,轴率 $a:b:c=1:1:1$[图 1-7(a)]。

中级晶族(四方、三方和六方晶系)晶体中只有一个高次轴,以高次轴为 z 轴,通过高次轴的作用可使 x 轴与 y 轴重合,因此轴长 $a=b$,但与 c 不等,轴率 $a:c$ 因晶体的种别而异[图 1-7(b),(c),(d)]。

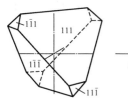

(a) 等轴晶系，$a=b=c$，$\alpha=\beta=\gamma=90°$，
闪锌矿(左)，方铅矿(右)

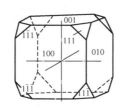

(b) 四方晶系，$a=b\neq c$，$\alpha=\beta=\gamma=90°$，
锆石 $a:c=1:0.640\,37$

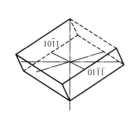 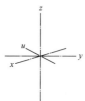

(c) 三方及六方晶系，$a=b\neq c$，$\alpha=\beta=90°$，$\gamma=120°$，
方解石(三方)，(左) $a:c=1:0.854\,3$，
绿柱石(六方)，(右) $a:c=1:0.498\,9$

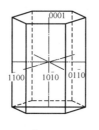 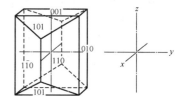

(d) 斜方晶系，$a\neq b\neq c$，$\alpha=\beta=\gamma=90°$，
十字石 $a:b:c=0.473\,4:1:0.682\,8$

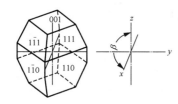
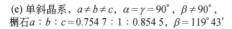

(e) 单斜晶系，$a\neq b\neq c$，$\alpha=\gamma=90°$，$\beta\neq90°$，
榍石 $a:b:c=0.754\,7:1:0.854\,5$，$\beta=119°43'$

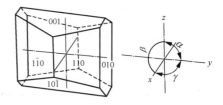

(f) 三斜晶系，$a\neq b\neq c$，$\alpha\neq\beta\neq\gamma\neq90°$，
钠长石 $a:b:c=0.633\,5:1:0.557\,7$，$\alpha=94°3'$，
$\beta=94°3'$，$\gamma=88°9'$

图 1-7　各晶系晶体定向及晶面符号举例(潘兆橹，1985)

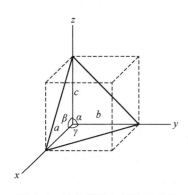

图 1-8　晶体常数与晶胞形状的
关系(潘兆橹，1985)

低级晶族(斜方、单斜和三斜晶系)晶体对称程度低，x，y，z 轴不能通过对称要素的作用而重合，所以 $a\neq b\neq c$，晶体的种别不同，轴率 $a:b:c$ 数值不同[图 1-7(e)，(f)]。

(4) 晶体常数。轴率 $a:b:c$ 和轴角 α，β，γ 合称晶体常数。它是表征晶体坐标系统的一组基本参数。如果轴长 a，b，c，轴角 α，β，γ 已知，就可以知道晶胞的形状和大小，如果轴率 $a:b:c$ 和轴角已知，虽然不知晶胞的大小，但可以知道晶胞的形状(图 1-8)。

2. 晶轴的选择与各晶系晶体常数特点

晶轴的选择不是任意的，应遵守下列原则：

(1) 应符合晶体所固有的对称性。因此，晶轴应与对称轴或对称面的法线重合；若无对称轴和对称面，则晶轴可平行晶棱选取。

（2）在上述前提下，应尽可能使晶轴垂直或近于垂直，并使轴长趋近相等，即尽可能使之趋向于 $\alpha=\beta=\gamma=90°$，$a=b=c$。

各晶系的对称特点不同，因而具体选择晶轴的方法也不同。其晶体常数特点也不一样，现将它们综合列于表 1-2。

表 1-2　各晶系选择晶轴的原则及晶体常数特点

晶系	选择晶轴的原则	晶体常数特点
等轴晶系	以相互垂直的 L^4 或相互垂直的 L_i^4 或相互垂直的 L^2 为 x,y,z 轴	$a=b=c$ $\alpha=\beta=\gamma=90°$
四方晶系	以 L^4 或 L_i^4 为 z 轴（主轴），以垂直 z 轴并相互垂直的两个 L^2 或 P 的法线或晶棱的方向（当无 L^2 或 P 时）为 x,y 轴，在 $L_i^4 2L^2 2P$ 对称型中，以两个 L^2 为 x,y 轴	$a=b\neq c$ $\alpha=\beta=\gamma=90°$
六方晶系及三方晶系	以 L^6,L_i^6,L^3 为 z 轴（主轴），以垂直 z 轴并彼此相交为 $120°$（正端间）的 3 个 L^2 或 P 的法线或晶棱的方向（当无 L^2 或 P 时）为 x,y,u 轴，在 $L_i^6 3L^2 3P$ 对称型中，以 3 个 L^2 分别为 x,y,u 轴	$a=b\neq c$ $\alpha=\beta=90°,\gamma=120°$
斜方晶系	以相互垂直的 3 个 L^2 为 x,y,z 轴；在 $L^2 2P$ 对称型中以 L^2 为 z 轴，以两个 P 的法线为 x,y 轴	$a\neq b\neq c$ $\alpha=\beta=\gamma=90°$
单斜晶系	以 L^2 或 P 的法线为 y 轴，以垂直 y 轴的主要晶棱方向为 z 轴和 x 轴	$a\neq b\neq c$ $\alpha=\gamma=90°,\beta>90°$
三斜晶系	以不在同一平面内的 3 个主要晶棱的方向为 x,y,z 轴	$a\neq b\neq c$ $\alpha\neq\beta\neq\gamma\neq90°$

3. 各晶系晶体定向

（1）等轴晶系。

等轴晶系晶体的对称特点是皆有 $4L^3$，在不同的晶类中，分别选择相互垂直且彼此相等的三个 L^4 或 L_i^4 或 L^2 为晶轴，晶体常数特点为 $a=b=c$，$\alpha=\beta=\gamma=90°$。本晶系包含 5 个晶类，共出现几何单形 15 种。

（2）四方晶系。

以唯一的四次轴做 z 轴，以垂直 z 轴并相互垂直的二次轴或对称面法线或晶棱方向为 x,y 轴。晶体常数特点为 $a=b\neq c$，$\alpha=\beta=\gamma=90°$。

（3）三方晶系及六方晶系。

三方晶系有一个 L^3，六方晶系有一个 L^6 或 L_i^6 根据晶体对称的特点，三、六方晶系要选择 4 个晶轴，以唯一的高次轴（L^3,L^6,L_i^6）为 z 轴，另以垂直 z 轴并彼此相交的 3 个 L^2 或 P 的法线或平行晶棱的方向为 x,u,u 轴。z 轴直立，x 轴斜向观察者的左前方（前端为正），u 轴斜向观察者的右前方（后端为正），y 轴呈左右方向。三个水平轴的正端交角均为 $120°$，它们所居的平面与 z 轴垂直。晶体常数特点为 $a=b\neq c$，$\alpha=\beta=90°,\gamma=120°$。

（4）斜方晶系。

斜方晶系无高次轴，L^2 或 P 多于一个。以相互垂直的 $3L^2$ 为 x,y,z 轴；对于 $L^2 2P$ 对称型,以 L^2 为 z 轴,P 的法线为 x,y 轴。晶体常数特点为 $a\neq b\neq c$,$\alpha=\beta=\gamma=90°$。

（5）单斜晶系。

单斜晶系无高次轴,L^2 和 P 不多于一个。以 L^2 或 P 的法线为 y 轴,以垂直 y 轴的二晶棱方向为 x,z 轴。晶体常数特点为 $a\neq b\neq c$,$\alpha=\gamma=90°$,$\beta>90°$。

（6）三斜晶系。

三斜晶系无对称轴和对称面。单面晶类从晶体外形来看不对称,但它内部具有格子构造,从这种意义来说,本类晶体还是具有对称性的。选不在一个平面上,且近于垂直的三个晶棱的方向为 x,y,z 轴。晶体常数特点为 $a\neq b\neq c$,$\alpha\neq\beta\neq\gamma\neq90°$。

九、晶面符号、晶带与晶带定律

1. 晶面符号

晶体定向后,晶面在空间的相对位置即可根据它与晶轴的关系予以确定。这种相对位置可以用一定的符号来表征。

表征晶面空间方位的符号,称为晶面符号。晶面符号有多种形式,通常所采用的是米氏符号,系英国人米勒尔(W. H. Miller)于 1839 年所创。米氏符号用晶面在三个晶轴上的截距系数的倒数比来表示,现举例说明如下。

如图 1-9 所示,设有一个晶面 HKL 在 x,y,z 轴上的截距分别为 $2a,3b,6c$。2,3,6 称为截距系数,其倒数比为 $\frac{1}{2}:\frac{1}{3}:\frac{1}{6}=3:2:1$,去其比例符号,以小括号括之,写作(321),即为该晶面的米氏符号。小括号内的数字称为晶面指数,晶面指数是按照 x,y,z 轴顺序排列

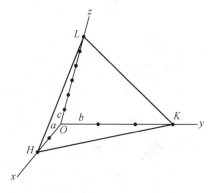

图 1-9　晶面符号图解(赵珊茸,2009)

的,一般式写作(hkl);对于三方、六方晶系晶面指数按 x,y,u,z 轴顺序排列,一般式写作($hkil$)。若晶面平行于某晶轴,则晶面在晶轴上的截距系数为 ∞,截距系数的倒数应为 0。如图 1-7(a)中(100)晶面与 y,z 轴平行,图 1-7(b)中(110)晶面与 z 轴平行,图 1-7(c)中(0001)晶面与 x,y,u 轴平行,如晶面相交于晶轴的负端,则在该相应的指数上加"一"号。例如图 1-7(b)中(110)晶面截 y 轴于负端。

2. 晶带

由布拉维法则可知,晶面都是网面密度较大的面网,所以晶体上所出现的实际晶面数量是有限的,与之相应,晶面的交棱也应当是结点分布较密的行列,这种行列的方向也是为数不多的,所以晶体上的许多晶棱常具有共同的方向且相互平行。交棱相互平行的一组晶面的组合,称为一个晶带。

3. 晶带定律

任意两晶棱(晶带)相交必可决定一可能的晶面,而任意两晶面相交必可决定一可能的晶棱(晶带)。图 1-10 绘出了一个晶体及其赤平投影。晶面(110),(100),(110),(010),

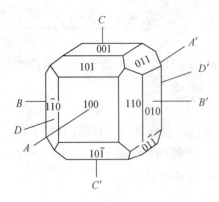

图 1-10　晶面与晶带（潘兆橹，1985）

（ $\bar{1}10$ ），（ $\bar{1}00$ ），（ $\bar{1}\bar{1}0$ ），（ $0\bar{1}0$ ）（后四个晶面在晶体的后面，晶体图上未绘出）交棱相互平行，组成一个晶带，平行此组平行晶棱，通过晶体中心的直线 CC' 称为该晶带的晶带轴，该组晶棱的符号也就是该晶带轴的符号，亦即此晶带的符号为 $[1\dot{0}0]$ 。

十、实验内容

在晶体模型上首先寻找对称要素，并记于表 1-3 中；然后汇总对称要素，确定对称型；最后确定所属晶族与晶系。

表 1-3　晶体对称型及晶族、晶系的确定

模型编号	对称轴 L	对称面 P	对称中心 C	对称型	晶族	晶系
1						
2						
3						
4						
5						
6						
7						
8						
9						
10						
11						
12						

偏光显微镜和实验互动系统的使用

一、实验的目的与要求

    (1) 了解矿物岩石学实验室使用管理规定；

    (2) 掌握晶体光学基本原理；

    (3) 了解偏光显微镜各部件的功能，学会调节偏光显微镜；

    (4) 掌握网络数码互动实验系统的使用方法。

二、矿物岩石学实验室使用管理规定

    偏光显微镜是岩石学及其他许多基础地质学科教学和科研必不可少的常用工具，是精密而贵重的光学仪器，如有损坏，将直接影响教学和科研工作。因此，应注意保养、爱护，使用时应自觉遵守使用守则。

    (1) 搬动和放置显微镜时，必须轻拿轻放，严防震动，以免损坏光学系统。搬动显微镜时，必须一手持镜臂，一手托镜座，切勿提住微动螺旋以上的部分。

    (2) 使用前应注意检查、校正。

    (3) 镜头必须保持清洁，如有灰尘，需用橡皮球先把灰吹去，再用专用的镜头纸擦拭，不能用手或其他物品擦拭，以防损坏镜头。

    (4) 不得自行拆卸显微镜，或将附件与其他显微镜调换使用。尚未学习的部分，不能擅自乱动。

    (5) 安放薄片时，盖玻片必须朝上，并用薄片夹夹紧。上升物台（或下降镜筒）时，切勿使镜头与薄片接触，以免损伤镜头和薄片。

    (6) 勿使显微镜在阳光下暴晒，以免偏光镜及试板等光学部件脱胶。

    (7) 离开座位时间较长或使用完毕后，应及时关闭电源。

    (8) 使用上偏光镜及勃氏镜时，应轻拉轻送，切勿猛力推送，以免震坏。

    (9) 仪器开关失灵时，应报告管理人员，切勿强力扭动或擅自作其他处理。

    (10) 显微镜使用完毕，应把显微镜用防尘罩罩好。

    (11) 仪器用毕，应进行登记，并将薄片和检板归位。

三、晶体光学原理

    根据振动特点不同，可将光分为自然光和偏振光。自然光的特征是：在垂直于光波传播方向的平面内，各方向上都有等幅的光振动。自然光经过反射、折射、双折射或选择吸收等作用后,可以转变为只有一个固定方向上振动的光波,这种光称为平面偏光,简称偏光。

依据晶体的光学性质,把透明矿物分为均质体和非均质体两类。非晶质矿物和等轴晶系矿物的光学性质各方向相同(各向同性),称为光性均质体;中级晶族和低级晶族矿物的光学性质随方向而异(各向异性),称为光性非均质体。光波射入均质体中发生单折射现象,基本不改变入射光波的振动特点和振动方向。光波射入非均质体,除特殊方向外,都要发生双折射,分解形成振动方向互相垂直、传播速度不同、折射率不等的两种偏光。两种偏光折射率值之差称为双折射率。当入射光为自然光时,非均质体能改变入射光波的振动特点;当入射光为偏光时,非均质体能改变入射光波的振动特点和振动方向。

实验证明,光波沿非均质体的某些特殊方向传播时,不发生双折射,基本不改变入射光波的振动特点和振动方向。在非均质体中,这种不发生双折射的特殊方向称为光轴。中级晶族晶体只有一个光轴方向,称为一轴晶;低级晶族晶体有两个光轴方向,称为二轴晶。

为了反映光波在矿物晶体中传播时,偏光振动方向与相应折射率之间的关系,引入了物理学光率体的概念。光率体的作法是,设想自晶体中心起,沿光波的各振动方向,按比例截取相应的折射率值,再将各个线段的端点连接起来,便构成了光率体。各类晶体的光学性质不同,所构成的光率体形状也不同,现分述如下。

1. 均质体的光率体

光波在均质体中传播时,向任何方向振动,其传播速度都一样,折射率都相等,均质体的光率体是一个圆球体。光率体任何方向的切面都是一个圆切面,圆切面的半径代表均质体的折射率值 N_o。

2. 一轴晶的光率体

中级晶族矿物的水平结晶轴相等,其水平方向上的光学性质相同。矿物具有最大和最小两个主折射率值,分别以 N_e 和 N_o 表示。光波振动方向平行 z 轴(光轴)时,相应的折射率值为 N_e;当光波的振动方向垂直 z 轴(光轴)时,相应的折射率值为 N_o;光波振动方向斜交 z 轴(光轴)时,相应的折射率值为 N_e',介于 N_o 和 N_e 之间。由此可见,一轴晶光率体是一个以 z 轴为旋转轴的旋转椭球体。

当光波沿矿物 z 轴方向入射晶体时[图 2-1(a)],产生单折射,在折射仪上测得光波垂直 z 轴振动时的折射率为 N_o,以此数值为半径,构成一个垂直入射光波的圆切面。当光波垂直矿物 z 轴方向入射晶体时[图 2-1(b)],产生双折射分解形成两种偏光。其中一种偏光的振动方向垂直于 z 轴(光轴),测得其折射率为 N_o;另一种偏光的振动方向平行于 z 轴(光轴,用 ∂A 表示),相应的折射率为 N_e。双折率值等于 N_e 和 N_o 之差,是一轴晶矿物的最大双折射率值;当光波斜交矿物晶轴入射时[图 2-1(c)],也产生双折射分解形成两种偏光,其振动方向分别平行于椭圆切面的长、短半径,相应的折射率分别等于椭圆切面的长、短半径 N_e' 和 N_o。双折率值等于 N_e' 和 N_o 之差,其值在 0 和最大双折射率值之间。

一轴晶光率体有正负之分:当 $N_e > N_o$ 时,为正光性;当 $N_e < N_o$ 时,为负光性。

3. 二轴晶的光率体

二轴晶矿物的三个结晶单位不等,晶体内部质点在三度空间方向上具有不均匀性。二轴晶有三个主折射率,最大的为 N_g,中间的为 N_m,最小的为 N_p。三者在空间上互相垂直。

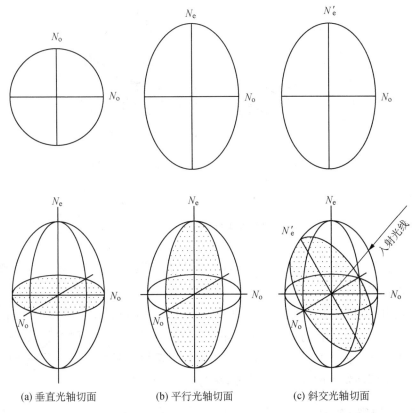

(a) 垂直光轴切面　　　(b) 平行光轴切面　　　(c) 斜交光轴切面

图 2-1　一轴晶正光性光率体的典型切面(据李德惠,1993)

二轴晶光率体是以 N_g,N_m,N_p 为主轴的三轴椭球体。当光波沿矿物 z 轴方向入射晶体时,产生双折射分解形成两种偏光。其中一种偏光的振动方向平行于 x 轴,测得其折射率为 N_g;另一种偏光的振动方向平行于 y 轴,相应的折射率值为 N_p,以此长、短半径可构成一个垂直入射光波(即垂直 z 轴)的椭圆切面,称为主轴面(N_gN_p 面)。当光波沿矿物 y 轴方向入射晶体时,产生双折射分解形成两种偏光。其中一种偏光的振动方向平行于 x 轴,测得其折射率为 N_g;另一种偏光的振动方向平行于 z 轴,相应的折射率值为 N_m,以此长、短半径可构成一个垂直入射光波的椭圆切面(主轴面 N_gN_m)。当光波沿矿物 x 轴方向入射晶体时,对应的椭圆切面为主轴面 N_pN_m。因为二轴晶的光率体是一个三轴椭球体,通过 N_m 轴(z 轴)在光率体的一边可作一系列切面,它们的半径之一始终是 N_m,另一个半径的长短递变于 N_g 和 N_p 之间,总可找到一个半径等于 N_m,长、短半径相等的圆切面[图 2-2(a)];同样,在另一边也可以找到一个圆切面。光波垂直于这两个圆切面射入时,只发生单折射,故这两个方向为二轴晶矿物的光轴,一般以 OA 表示。包含此两光轴所在的面称为光轴面(N_gN_p 面),一般以符号 OAP 代表。两光轴之间所夹的锐角称为光轴角,一般以符号 $2V$ 代表[图 2-2(b)]。两光轴之间的锐角平分线以符号 Bxa 代表;两光轴之间的钝角平分线以符号 Bxo 代表。

　　二轴晶光率体也有正负之分:当 $N_g-N_m>N_m-N_p$ 时,为正光性,两光轴的锐角平分线 Bxa 与 N_g 方向一致,钝角平分线 Bxo 与 N_p 方向一致;当 $N_g-N_m<N_m-N_p$ 时,为负

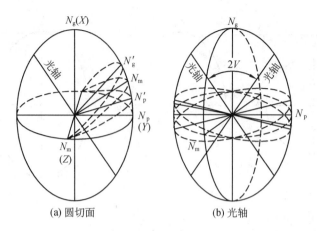

(a) 圆切面   (b) 光轴

图 2-2 二轴晶正光性光率体(据李德惠,1993)

光性,两光轴的锐角平分线 Bxa 与 N_p 方向一致,钝角平分线 Bxo 与 N_g 方向一致。

4. 折射率色散

自然光是由不同波长的单色光组成的混合波,不同色光在同一介质中的传播速度不同,其折射率大小不同。介质折射率随光的波长而改变的性质,称为折射率色散。同一介质不同波长单色光的光率体大小、形状及在晶体中的位置都可能发生改变。同一介质的光率体随单色光波长不同而发生的几何形态改变,称为光率体色散。

四、莱卡偏光显微镜的构造

偏光显微镜是利用偏光的特性,对透明造岩矿物和宝石进行显微观察、分析鉴定及研究的基本工具。透明矿物鉴定用的偏光显微镜有两个偏光镜,一个位于物台的下面,称下偏光镜,又称起偏镜;另一个位于物镜上方,称上偏光镜,又称分析镜或检偏镜。它与反射偏光显微镜的不同在于,它是在透射光下观察,而反射偏光显微镜是在反射光下观察。因此,透明造岩矿物鉴定用的偏光显微镜实际上为透射偏光显微镜。有的偏光显微镜是透射、反射两用显微镜,既是透射偏光显微镜,又是反射偏光显微镜。为了简便,在以后的叙述中去掉"透射"二字,简称"偏光显微镜"。同济大学矿物岩石学实验室使用的是莱卡 DM750P 型偏光显微镜,其构造如图 2-3 所示。

(1) 镜座。为一 T 形底座,后方装有卤素光源灯,中部圆孔上装有孔径光阑,上覆有滤光片,右侧装有电源开关,左侧为亮度调节旋钮。打开电源开关后,慢慢调节亮度调节钮,使其达到合适的亮度后进行镜下观察。

(2) 镜臂。为一弯曲的弓形臂,下端与镜座相连,上端连接镜筒,中部连接物台。装有粗动螺旋和微动螺旋,可使物台及下部组件上升和下降。

(3) 下偏光镜。又称起偏镜,由偏光片或尼克尔棱镜制成,位于物台下方并和物台相连,与聚光镜、锁光圈等共同组成下部组件。通过卤素灯发射出的自然光,经过下偏光镜后即成为振动方向(以下称"下偏光振动方向")固定的偏光。下偏光镜上装有固定螺丝,用以固定下偏光镜。旋松固定螺丝,下偏光镜可以转动,下偏光振动方向随之转动。通常将下偏

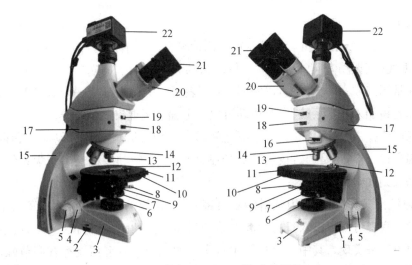

图 2-3　莱卡 DM750P 型偏光显微镜

1—开关；2—亮度调节旋钮；3—镜座；4—粗动螺旋；5—微动螺旋；6—光源；7—下偏光镜；
8—下部组件调节螺旋；9—聚光镜及锁光圈；10—物台；11—物台固定螺旋；12—薄片夹；
13—物镜；14—物镜旋转盘；15—镜臂；16—检板插口；17—镜筒；18—上偏光镜转换开关；
19—勃氏镜转换开关；20—目镜组件；21—目镜；22—摄像头

光的振动方向调节在东西方向上，振动方向通常以符号"PP"表示。

（4）锁光圈。位于下偏光镜之上，轻轻转动旋转螺旋，可以使锁光圈自由开合，控制进入视域的光线总量。缩小光圈有两个作用：①减少光线入射量，使视域变暗；②挡去倾斜入射的光，只让垂直薄片入射的光线通过。

（5）聚光镜。位于锁光圈和物台之间，由一组透镜组成。它可以把下偏光镜透出的平行偏光束聚敛成锥形偏光束。装有使聚光镜升降的螺旋，用以调节聚光镜的高度。

（6）物台。又称载物台，是一个可以水平转动的圆形平台。圆台边缘有 $0\sim360°$ 的刻度，与游标尺配合，可以读出旋转的角度（精确到 $0.1°$）。物台中央有一圆孔，为光的通道。物台上有一对弹簧夹，用以夹持并固定薄片。由于镜臂和镜筒系统是固定不动的，物台的水平状态保持不变，可以通过安装在镜臂上的粗动、微动螺旋使物台产生垂直升降。

（7）物镜旋转盘。位于镜筒的下端，为一可旋转的圆盘，可以同时安装四个不同放大倍率的物镜，一般莱卡显微镜配备 4 个物镜，即 $4\times,10\times,20\times,63\times$。每个物镜上标注了放大倍率及数值孔径（$N\cdot A$）。更换物镜非常方便，只需转动旋转盘，将选用的物镜转到光学系统中即可，到位会有轻微卡声。

（8）物镜的光孔角及数值孔径（$N\cdot A$）。通过物镜前透镜最边缘的光线与前焦点所构成的夹角称光孔角（图 2-4 中 2θ）。数值孔径与光孔角之间的关系为

$$N\cdot A=N_1\sin\theta \qquad (2-1)$$

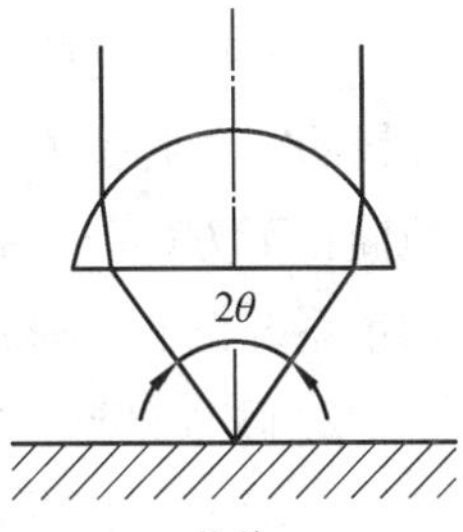

式中，N_1 为样品与物镜之间介质的折射率，当介质为空气时（观察一般干薄片），$N_1\approx1$，故 $N\cdot A=\sin\theta$；当用油浸镜头观察时，则式中的

物体

图 2-4　物镜的光孔角

15

N_1 为浸油的折射率。

（9）上偏光镜。又称分析镜或检偏镜。制造材料与下偏光镜相同。光波通过上偏光镜后,也变成偏光,其振动方向(以下称"上偏光振动方向")与下偏光振动方向垂直,即上偏光的振动方向常固定在南北方向上,以符号"AA"表示。上偏光镜有一个拨动开关,向右拨动可以使上偏光镜加入光学系统,向左拨动可以使上偏光镜退出光学系统。

（10）勃氏镜。位于目镜与上偏光镜之间,是一个小的凸透镜,可以加入和退出光学系统。与上偏光镜一样,也是通过拨动开关控制,向左拨动则勃氏镜退出光学系统,向右拨动则勃氏镜添加到光学系统中。

（11）目镜。又称接目镜,为倾斜的双目镜,位于镜筒的顶端。两目镜间的距离可以调节。观察时观察者可按自己双目的距离调节两目镜之间的距离,目镜距离的调节通过旋转目镜组件的角度来实现。其中一个目镜中有十字丝。两个目镜顶端都有调节螺丝,可调节目镜的焦距。如果观察者两只眼睛的焦距有差异时,先用左(或右)眼从左(或右)目镜(最好是带十字丝的目镜)中观察,右(或左)眼用挡板挡住或闭上,调节物台或镜筒微调螺旋使矿物像最清晰;然后用右(或左)眼从右(或左)目镜中观察,左(或右)眼闭上或挡上,调节目镜调节螺旋,直到物像最清晰为止;最后用双目观察,此时矿物像最为清晰。显微镜的放大倍率等于目镜放大倍率与物镜放大倍率的乘积。例如,使用 10× 的目镜和 10× 的物镜,其总放大倍率为 10×10＝100 倍。

（12）摄像头。位于镜筒最上端,并通过 C 形接口与镜筒相连,通过 Motic DigiLab 3.0 "网络数码互动实验系统",可以实现摄像头控制、镜下图像的实时观察、共享、测量、摄取和存储。

除上述主要部件外,偏光显微镜还配有物台微尺等附件。

五、偏光显微镜的调节与校正

在使用偏光显微镜之前,首先应将显微镜各系统调节至标准状态,否则不仅达不到观察目的,而且浪费时间,影响学习和工作的效率。

1. 装卸镜头

（1）装卸目镜。将选用的目镜插入镜筒上端,并使目镜十字丝位于东西—南北方向。双目镜筒还需调节两目镜筒距离,使双眼距离与双目镜筒距离一致。

（2）装卸物镜。装卸物镜时需将物台下降(或将镜筒提升)到一定高度,以免安装时碰坏镜头。将物镜安装在镜筒下端的物镜旋转盘上,换用物镜时,手持转盘将所需的物镜转到镜筒正下方(光学系统中),恰至弹簧卡住为止。换用物镜时,切勿扳动物镜旋转,以免造成物镜系统偏心,不易校正。

2. 调节照明(对光)

正确调节照明需要注意 3 个方面:一是要正确安装光源灯泡,这要由专门人员操作;二是要调节好照明器(聚光系统及下部组件)的中心,这由教师调节;三是要调节亮度调节旋钮,根据需要调节视域的亮度。

3.调节焦距(准焦)

调节焦距是为了使薄片中的物像清晰可见。"调节焦距"或"准焦"是一种习惯性的说法,实际上是调节物距,即调节物镜与薄片中矿物之间的距离,使物镜成的矿物实像位于目镜一倍焦距之内的合适位置上,以便通过目镜可以看到清晰的放大的矿物虚像。准焦的步骤如下:

(1) 适当下降物台或升高镜筒,旋转物镜转盘使低倍物镜对准物台中心圆孔。将欲测矿片置于物台中央,用薄片夹夹好。放置薄片时注意薄片的盖玻片必须朝上,否则移动薄片时会损伤盖玻片,且在使用高倍物镜时不能准焦。

(2) 从镜筒侧面观察(视线基本与物镜同一高度),转动粗动螺旋,使物台上升或使镜筒下降,至物镜与物台上的薄片比较靠近为止。

(3) 从目镜中观察,转动粗动螺旋,使物台下降或使镜筒上升,至视域内物像基本清楚,再转动微动螺旋,至视域内物像完全清晰为止。

(4) 中倍物镜的准焦。从低倍物镜的准焦位上旋上中倍物镜,一般应在准焦位附近,调节物台或镜筒升降螺旋(一般只需调节微动螺旋),直到物像完全清晰为止。

(5) 高倍物镜的准焦。在中倍物镜的准焦位上旋上高倍物镜(旋上前要检查盖玻片是否朝上),一般应在准焦位附近。调节微动螺旋(一般只能调节微动螺旋),直到物像完全清晰为止。

4.校正中心

显微镜的镜筒中轴、物镜中轴与物台旋转轴应严格地重合于一条直线上,这条直线可称为偏光显微镜的光学中心线。此时旋转物台,视域中心(即目镜十字丝交点)的物像不动,其余物像绕视域中心作圆周运动(图 2-5)。如果不重合,则转动物台时,视域中心的物像将离开原来的位置,连同其他部分的物像绕另一个中心旋转(图 2-6 中的 o 点)。这个中心(o 点)代表物台旋转轴出露点位置。这种情况下,不仅影响某些光学数据的测定精度,而且可能把视域内某些物像转动到视域之外,妨碍观察。特别是使用高倍物镜时,视域范围很小,如物像不在视域中心,则根本无法观察。

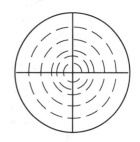

图 2-5　物镜中轴、镜筒中轴与物台旋转轴重合时,旋转物台时物像的运动情况

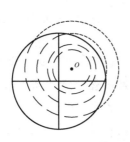

(a) 物台旋转轴出露点 o 在视域内

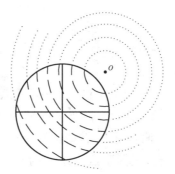

(b) 物台旋转轴出露点 o 在视域外

图 2-6　物镜中轴、镜筒中轴与物台旋转轴不重合时,旋转物台时物像的运动情况

显微镜的镜筒中轴是固定的,校正中心就是使物镜中轴、物台中轴与镜筒中轴一致。

在校正中心之前,首先应检查物镜是否安装正确,若不正确,则不仅不能校正好中心,而且容易损坏中心校正螺丝。

莱卡 DM750P 型偏光显微镜的物台中轴是不能调节的,物镜中轴和镜筒中轴一致,校正中心主要是校正物镜中心与物台中心重合。由于 10 倍物镜平时使用率较高,校正中心时一般先校正 10 倍物镜与物台中心重合,再校正其他的物镜中心。校正中心的步骤如下:

(1) 准焦后,在薄片中选一质点 a,移动薄片,使质点 a 位于视域中心(即目镜十字丝交点处)[图 2-7(a)]。

(2) 固定薄片,旋转物台,若物镜中轴、镜筒中轴与物台中轴不重合,则质点 a 围绕某一中心作圆周运动[图 2-7(b)],圆心 o 点为物镜中轴出露点。

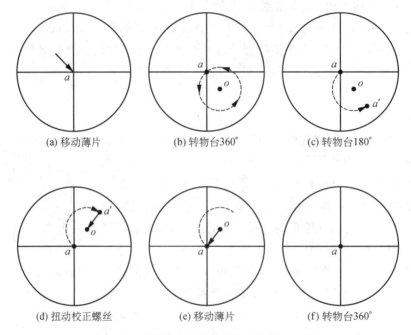

(a) 移动薄片   (b) 转物台360°   (c) 转物台180°

(d) 扭动校正螺丝   (e) 移动薄片   (f) 转物台360°

图 2-7 校正中心步骤示意图(曾广策,2017)

(3) 旋转物台 180°,使质点 a 由十字丝交点转动至 a' 处[图 2-7(c)]。

(4) 同时调整物镜旋转盘上该物镜的两个中心校正螺丝,使质点 a 由 a' 处移至 aa' 线段的中点(即偏心圆的圆心 o 点)处[图 2-7(d)]。

(5) 移动薄片,使质点 a 移至十字丝交点[图 2-7(e)]。旋转物台检查,如果质点 a 不动[图 2-7(f)],则中心已校好;若仍有偏心,则重复上述步骤,直到完全校正好为止。

(6) 如果中心偏差很大,转动物台,质点 a 由十字丝交点转出视域之外[图 2-6(b)],此时来回转动物台,根据质点 a 运动的圆弧轨迹判断偏心圆圆心 o 点所在方向[图 2-8(a)],同时调整物镜的两个中心校正螺丝,使视域内所有质点(或某一质点)向偏心圆圆心相反方向移动[图 2-8(b)]。并不时旋转物台,判断偏心圆圆心是否进入视域(偏心圆圆心处质点在旋转物台时位置不发生变化）。若偏心圆圆心已在视域内,再按前述步骤校正。

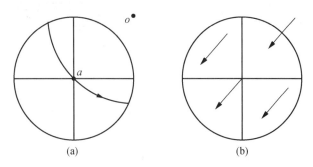

图 2-8　中心偏差较大时,校正中心示意图

校正完 10 倍物镜后,再分别校正其他物镜,使各个物镜中轴与物台中轴重合,操作步骤与上述相同。

5. 测量视域直径

（1）测量中倍或低倍物镜的视域直径,可以用带有刻度的透明尺直接测量。测量时,将透明尺置于物台中部,与十字丝纵丝或横丝平行。准焦后,观察视域直径的长度,记录该值以备后查。

（2）测量高倍物镜的视域直径,可以使用物台微尺。物台微尺通常嵌在一个玻璃片中心,总长度为 $1\sim2$ mm,刻有 $100\sim200$ 个小格,每小格等于 0.01 mm。测量时将物台微尺置于物台中央,准焦后观察视域直径相当于物台微尺的多少个小格。若为 20 个小格,则视域直径等于 $20\times0.01=0.2$ mm。

6. 校正偏光镜

在偏光显微镜光学系统中,上、下偏光振动方向应互相垂直,并分别平行南北、东西方向且与目镜十字丝平行。校正方法如下:

（1）确定及校正下偏光振动方向。使用中倍物镜准焦后,在矿片中找一个长条形具有互相平行的解理纹的黑云母切面置于视域中心。转动物台,使黑云母的颜色变得最深。此时,黑云母解理纹方向代表下偏光振动方向（因为光波沿黑云母解理纹方向振动时,吸收最强,颜色最深）。如果黑云母解理方向与十字丝横丝方向（东西方向）平行,则下偏光振动方向正确,不需校正。如果不平行,则旋转物台,使黑云母解理纹方向与目镜十字丝的横丝方向平行[图 2-9(a)],再旋转下偏光镜,至黑云母的颜色变得最深为止[图 2-9(b)],此时下偏光振动方向位于东西方向。

（2）检查上、下偏光振动方向是否垂直。使用中倍物镜,去掉薄片,调节照片使视域最亮。推入上偏光镜,如果视域完全黑暗,证明上、下偏光振动方向垂直。若视域不完全黑暗,说明上、下偏光振动方向不正交。如果下偏光镜振动方向已经校正,则需要校正上偏光振动方向,转动上偏光镜至视域完全黑暗为止。如果显微镜上偏光镜不能转动,则需要专门修理。

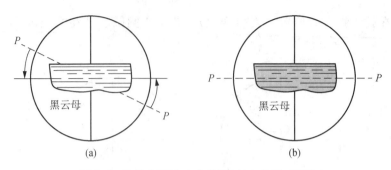

图 2-9　下偏光振动方向的校正(李寿元,1993)

六、网络数码互动实验系统

随着计算机技术的进步和科学技术的发展,网络化越来越普及,相关的软、硬件发展迅速,通过显微图像系统及网络数码互动实验室的建设是解决实验室教学师生互动问题的较好方案。显微镜数字网络互动方法引领微观领域新的实验教学模式,通过学生动手操作,增强他们科学研究的热情,激发创新意识,培养观察问题和分析问题的能力以及独立思考、创造性思维的能力。这里以显微图像处理软件 Motic DigiLab 3.0"网络数码互动实验系统"为例,介绍网络数码显微互动教室。

1. 软、硬件条件

网络数码显微互动教室所使用的偏光显微镜为莱卡 DM750P 型三目显微镜,上面的单直镜筒通过标准 0.5C 接口连接 Moticam 数码显微成像摄像机,摄像机像素为 500 万。与一般的摄像机不同,其内置微型电脑,连接显示器后实现摄像、存取、显示、与教师主机交换数据功能。

局域网系统主要建立在 100M 局域网平台上,通过局域网把学生用显微镜、学生用显示器和教师用显微镜、教师用电脑联系起来,实现教师与学生、学生与学生之间的互动。

Motic DigiLab 3.0 可以把显微镜下的晶体光学现象显示在电脑屏幕上,并随显微镜下的操作实现实时更新。可以进行图像的处理工作,包括普通预览、全屏、录像、镜像、拍照等。教师可以通过显微互动软件对学生端实施互动授课。

2. 网络数码互动实验系统主要功能

教学示范即将教师机的图像、声音实时传到学生端进行教学,教师可以利用教师用偏光显微镜下薄片的晶体光学现象给学生讲授,也可以放映幻灯片或多媒体。学生电脑上显示的内容与教师电脑上的内容相同。

教师可以通过远程命令对学生电脑实施操作,包括远程开机、远程关机、远程重启、远程退出、远程登录等。通过该操作,教师可以实现对学生电脑的控制,监控所有学生电脑屏幕上的内容,如果在学生电脑中发现有助于教学的典型例子,可以通过学生演示分发到所有学生电脑上。通过"学生图像"按钮,教师可以把任意一名学生在镜下观察到的晶体光学现象分享到所有学生电脑中。教师可以分享一个学生的图像,也可以分享部分或全部学生的即时图像。

学生可以在显微镜目镜上观察晶体光学现象,也可以在显示屏上观察。对典型现象或教师要求观察到的现象,学生摄像保存后,上传提交给教师。

3. 教师端工作界面介绍

在 Windows10 中，双击 DigiLab，进入网络数码互动实验系统，出现如图 2-10 所示界面。

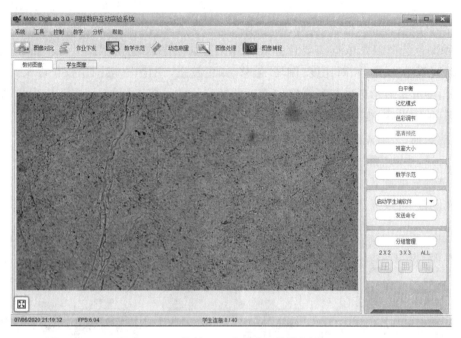

图 2-10　网络数码互动实验系统教师端界面

下面介绍常用的菜单功能。

（1）系统：点击"系统"，出现系统设置、按钮设置、菜单设置和退出（图 2-11）。

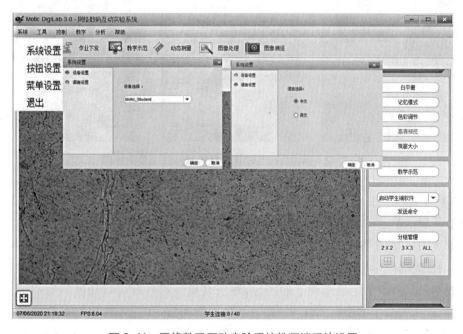

图 2-11　网络数码互动实验系统教师端系统设置

设备设置:点击设备选择中的下拉式菜单,鼠标选中"Motic-Student";

语言设置:点击语言选择中的"中文",然后点击"确定"。

(2) 工具:单击"工具",出现画笔、画屏、色彩调节和图像捕捉(图 2-12)。点击"画笔",出现选择、自由线、直线、折线、矩形、椭圆、文字、注释、删除、全部删除、撤销、重作、3 种颜色光标、9 种颜色选择以及依据需要选择线宽和文字大小的设置等作图工具。点击"色彩调节",可以调节曝光、增益、对比度、伽马、偏移、颜色校正、锐化、一键图像校正以及其他图像的设置等,使屏幕显示色彩与显微镜内看到的色彩一致。单击"图像捕捉",出现自动拍照、手动拍照、拍照设置、视频录像、屏幕录像和录像设置。单击"自动拍照"或"手动拍照"可以照相;在拍照前,必须先进行拍照设置,可以设置自动拍照的张数、时间间隔、文件名、文件类型、存放目录,手动拍照的文件名、文件类型、存放目录,最后点击"确定"退出。单击"视频录像"可以录制显微镜下的图像;单击"屏幕录像"可以录制显示器的图像。在录像前,必须先进行录像设置,可以设置文件名、文件类型和存放目录,最后点击"确定"退出。

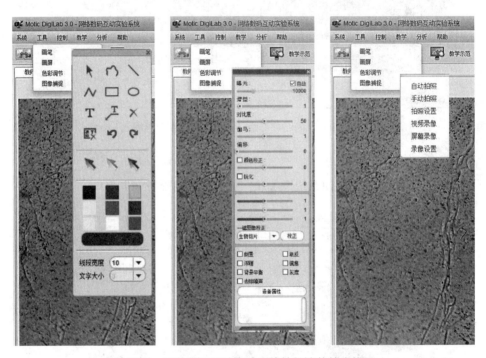

图 2-12　网络数码互动实验系统教师端菜单功能项

(3) 控制:单击"控制",弹出教学示范,点击"教学示范",在学生和教师屏幕上都出现老师屏幕上所显示鉴定矿物和岩石的显微图像,在教师电脑图像显示范围的左上角有"教师图像"和"学生图像"两个按钮,可以进行教师端显微镜图像或学生端显微镜图像切换,给学生做示范。教师选择"学生图像",可以选 2×2,3×3 和全部(ALL)学生的镜下图像,进行观看。如要演示某一个学生显微镜下的图像,双击其桌位编号就可以切换到他的镜下图像。点击"取消示范",学生图像回到自己原来显示的图像画面。

(4) 教学:单击"教学",弹出作业下发、作业批改和实验报告。点击"作业下发",上传作业 Word 文档;点击"作业批改",弹出学生提交上传的 Word 文档和显微图像文件。

（5）分析:单击"分析",弹出图像对比、图像处理和动态测量。点击"图像对比",可选 2 张图像或 4 张图像进行对比,图像从已经保存的图片库中载入。图像处理需调用 Motic Images Plus 软件。

（6）动态测量主要是测量颗粒的直径（或周长）和面积。单击"直线",点击"矿物颗粒两侧",会显示颗粒的直径数值;单击"闭合曲线",用鼠标将矿物的边界画出,显示出矿物的周长和面积。

4. 学生端工作界面介绍

学生端由成像 Moticam、显示器和无线鼠标组成。打开开关,显示界面如图 2-13 所示。

图 2-13　网络数码互动实验系统学生端界面

下面介绍常用的按钮菜单功能。

（1）"显示设置"按钮:点击 ,屏幕上出现一个对话框,可以进行拍照分辨率的切换、图像质量的切换和预览图像比例的切换。

（2）"Wi-fi"按钮:点击 ,出现一个对话框,可以打开和关闭 MoticHub（能够实时发送显微镜图像到外部设备）,设置 IP 地址和端口号。

（3）"图像变换"按钮:可选择镜像和翻转图像。

（4）"图像参数调节"按钮:调节图像的参数。点击 ,出现一个对话框,通过自动、曝光、亮度、白平衡（计算或者调整）、饱和度、增益、锐化和伽马参数的左右调节,使屏幕显示的色彩图像与显微目镜内观察到的一致。当镜下颜色与显示屏颜色不一致时,在单偏光下移去载物台上岩石矿物薄片,屏幕应为纯白色,点击"白平衡",进行颜色校准。再放上岩石薄片,若颜色还有差异,再调节曝光、亮度等,使镜下色彩与显示屏相同。

（5）"十字准线和网格设置"按钮:点击 ,出现一个对话框,可以设置屏幕是否出现十字准线、网格和比例尺。点击"十字准线设置",可设置十字准线的颜色;点击"网格设置",可设置网格的高度、宽度和颜色;点击"比例尺设置",可设置比例尺的长度、位置和颜色。

(6) ⦿"拍照"按钮:拍取当前的图像。选择好屏幕图像,点击"拍照",在屏幕左下角出现缩小的图像,单击它,就会在屏幕右上角出现"详细信息""删除""测量""编辑"和"…"按钮等。

① 详细信息:包括图像的文件名、宽度、高度、大小、x 轴校准值、y 轴校准值和文件所在电脑中的位置即文件的路径。

② 测量:点击"测量",出现测量界面,测量界面最右侧的符号主要有画自由线测量、画直线测量、画椭圆测量、画矩形测量、绘制多边形(完成绘制需要保证最后一点和第一点重合)、画箭头、角度测量以及在图片中添加文字。在测量按钮模式下,单击"自由线"或"直线",在矿物颗粒上所画的线结束后,会显示颗粒的长度数值;单击"椭圆"或"矩形",在矿物颗粒上所画的椭圆或矩形结束后会显示矿物的高度、宽度、面积和周长。测量对话框图像的最下面一排符号,分别是"撤销""重做""?""放大镜""设置""测量模式""标注模式""删除""取消""保存"按钮。点击"撤销",撤销做过的动作;点击"重做",重做做过的动作;点击"?"可以再点击其他图上的按钮查看对应帮助;点击"放大镜",可以对图片进行放大、缩小和移动;点击"设置",可设置绘制线条的宽度、颜色和测量字体的大小;点击"测量模式"或"标注模式",二者可以相互切换;点击"删除",删除测量的信息;点击"取消",取消当前的操作,退出测量界面;点击"保存",保存当前的操作,退出测量界面。

③ 编辑:点击"编辑",进入编辑界面。图像的下边沿出现"色彩校正""色彩通道""伽马""对比度""锐化""色调""饱和度""曲线调整""黑白过滤器""曝光""拉直""修剪""翻转""镜像""不变""冲压""复古""黑白""漂除银影""瞬时""拿铁咖啡""蓝色""版印""负冲"以及12 种边框效果处理等编辑按钮。若不满意,可以点击右上角"⁝"按钮,出现下拉菜单:"撤销""重做""重置""显示历史记录"。对自己不满意的操作可以返回到满意的那一步,或者回到原始图像。图像的左上角有保存按钮,满意的话可以点保存按钮退出,退回上一级图像目录。

④ …:点击"…",出现分享、生成报表和重命名等菜单。点击"分享",可以通过蓝牙和分享软件将图像分享到其他设备;点击"生成报表",可以提供三种模板生成报表;点击"重命名",可以重命名图像文件名。

(7) "拍照和录像的切换"按钮:拍照和录像功能的切换。点击上边缘,再点击相机拍照;点击下边缘,原先的拍照按钮,变成摄像机按钮,再点击摄像机按钮可以录像。

(8) "学生"按钮:点击"学生",弹出"提交作业"和"打开作业"菜单。点击"提交作业"可将学生拍摄的镜下照片上传给老师;点击"打开作业"可显示教师布置的作业文件。

(9) "校准"按钮:点击"校准",校准表和创建校准操作,拍照时将记录当前校准信息于图片中,以便于图片后期的静态测量,进行测量前需要通过校准圆切片对图像进行校准。

（10）"10X"按钮：选择物镜，为校准和测量的物镜倍数计算标准。一般可选 4 倍、10 倍、20 倍。

七、实验内容

（1）偏光显微镜的构造、各部件的功用及保养方法（由教师对照实物详细讲解）。

（2）调节焦距（对焦点）（用黑云母花岗岩薄片）。

① 将薄片置于载物台上，并使盖玻璃朝上，用弹簧夹夹紧。

② 从旁边看着镜头，转动粗动螺丝，使镜筒下降到最低位置。

③ 从目镜中观察，同时转动螺丝，使镜筒上升，当视域中出现物像时，就改用微动螺丝，至物像完全清楚为止。

（3）中心校正。

将一细小黑点置于十字丝中心，转动物台，黑点如发生中心偏移 1 格以上，需进行校正。

（4）测量视域大小。

测量时将物台微尺置于载物台上，对准焦点，观察视域直径等于微尺的几小格，并记于表 2-1。

表 2-1　测量视域大小

物镜倍率	目镜倍率	物台微尺刻度	目镜分度尺实际长度	视域直径/ mm
4×				
10×				
20×				

已知物台微尺总长 1 mm＝100 小格，1 小格＝0.01 mm。

目镜每小格实际长度＝物台微尺格数/目镜分度尺格数×0.01 mm。

（5）偏光镜的校正。

① 检验上、下偏光镜振动方向是否正交。推入上偏光镜，如果视域变黑暗，则上、下偏光镜振动方向正交。若视域不黑暗，则旋转下偏光镜至视域最暗为止。

② 检验上、下偏光镜振动方向是否与十字丝平行。

③ 用花岗岩薄片中的棕色黑云母矿物来检验。先使黑云母的解理缝与十字丝之一平行，推入上偏光镜，如黑云母变黑暗，说明十字丝与上、下偏光镜振动方向平行；若黑云母不完全黑暗，转动物台使黑云母变黑暗，再拉出上偏光镜，旋转目镜使十字丝之一与黑云母解理缝平行。

④ 下偏光镜振动方向的测定。

推入上偏光镜，如果视域变黑暗，用花岗岩薄片中的黑云母（注：应选用具有清晰解理缝的黑云母）置十字丝中心，转动物台至黑云母颜色最深位置，此时黑云母解理缝的方向即代表下偏光镜振动方向（PP）检查你所使用的偏光镜的下偏光振动方向。

（6）显微摄像网络系统各功能按钮的使用方法。

八、作业题

（1）掌握偏光显微镜的各组件功能和使用方法。

（2）怎样确定上、下偏光镜振动方向是否正交？若不正交应如何校正？

（3）熟记显微摄像网络系统各功能按钮的使用方法。

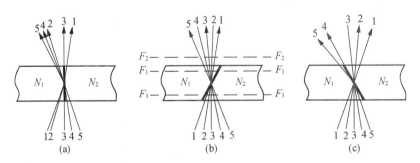

实验三

单偏光镜下晶体光学现象（一）

一、实验的目的与要求

(1) 掌握突起等级的确定标准；

(2) 应用贝克线移动规律和贝克线色散效应确定相邻矿物折光率的相对大小；

(3) 了解常见矿物的突起。

二、矿物的边缘和贝克线

1. 边缘、贝克线及其成因

在岩石薄片中，相邻两物质（矿物与矿物或矿物与树胶），或由于种类不同，或虽然种类相同但切面方向不同，它们的折射率通常都存在差异，其接触面不仅是物相界面，而且也是光学界面。当光线到达接触面时会发生折射，有时会发生全反射。如图 3-1 所示，无论接触面是直立的[图 3-1(a)]还是倾斜的，后一种情况无论是折射率大的物质覆盖折射率小的物质[图 3-1(b)]，还是反之[图 3-1(c)]，按折射定律，折射线都是折向折射率大的介质一方。若发生全反射，光线不能进入折射率小的介质一方，而仍从折射率大的介质一方透出。这样，在接触面附近，光线发生了聚散现象，使一方的光线相对集中，另一方相对减少。光线较少的一方变暗，沿矿物的边界面形成一个圈闭的暗带，即矿物的边缘。矿物的边缘圈闭了矿物的范围，使矿物切面的轮廓在显微镜下显示出来。光线较集中的一方变亮，沿矿物的边界形成一条亮带，这条亮带最先是由德国学者贝克(Becke,1893)发现的，后人以他的名字命名为贝克线。

图 3-1　边缘和贝克线的成因及贝克线移动规律示意图

（N_1, N_2 为相接触两物质的折射率，$N_1 = 1.614$, $N_2 = 1.540$）

边缘和贝克线是两种相伴而生的光学现象。边缘的暗度和宽度、贝克线的亮度和宽度主要取决于相接触两介质折射率的差值;折射率差值越大,边缘越粗、越黑,贝克线越宽、越亮。如果两介质折射率完全相等,光学界面消失,边缘和贝克线也随之消失。如一颗石英碎屑($N_o=1.544$)浸没于$N=1.544$的浸油中,当$N_o // PP$时,就完全见不到石英的边缘和贝克线,只有在正交偏光镜下才能发现石英的轮廓。薄片中矿物边缘、贝克线的宽度和明显程度同矿物的折射率大小没有直接的线性关系,主要取决于矿物与树胶折射率的差值。磨制薄片时,由于受力作用,两相邻矿物沿接触面发生了张裂,其间充填了树胶,矿物的边缘和贝克线就是由于矿物折射率和树胶折射率(1.54)不相等而表现出来的。因此,不仅折射率较大的矿物(如橄榄石,$N=1.65\sim1.72$;石榴石,$N=1.74\sim1.89$),其边缘粗黑、贝克线宽亮,而且折射率较小的矿物(如萤石,$N=1.43$),其边缘也粗黑、贝克线也宽亮,这是由于它们的折射率都与树胶折射率存在较大差值。只有与树胶折射率相近的那些矿物的边缘和贝克线不明显,如石英、斜长石、钾钠长石等。

边缘、贝克线的宽度和明显程度也与薄片的厚度和两矿物接触面的陡缓有关。一般情况下,厚度越大,边缘越粗黑,贝克线越宽、越亮;接触面较缓,边缘和贝克线较宽、明显。因此,观察贝克线也要选择合适的部位。

贝克线是两相邻介质的折射率存在差异的重要证据之一,可以用以判断两相邻介质折射率的相对大小,判断的依据就是以下要介绍的贝克线的移动规律。

2. 贝克线的移动规律和观察要点

升降物台或镜筒时,贝克线会相对边缘平行移动。由于折射和反射,光线折向折射率高的介质一方。当准焦在矿片表面附近时,如图3-1(b)所示,焦平面为F_1F_1,此时成像最清楚,贝克线位于折射率大的一方,且相对靠近边缘。当准焦在较远离矿片表面的上方时,焦平面移至F_2F_2,贝克线仍位于折射率大的介质一方,但相对远离边缘。因此,下降物台(或提升镜筒),焦平面从F_1F_1升至F_2F_2,贝克线相对边缘向折射率大的介质一方移动;提升物台(或下降镜筒),焦平面从F_2F_2降至F_1F_1,贝克线相对向折射率小的介质一方移动;如果焦平面降至F_3F_3,贝克线将位于折射率小的介质一方,即贝克线从折射率大的介质一方移到折射率小的介质一方。为了便于记忆,只要记住"下降物台,贝克线向折射率大的介质一方移动"即可。贝克线的这一移动规律是比较两相邻介质折射率相对大小的最主要依据之一。

为了清楚地见到贝克线,准确比较相邻两介质折射率的相对大小,操作上要注意以下几点:

(1)不加聚光镜,尽量使入射光线为平行直照光线。

(2)选择边界比较平直、接触面比较平缓(边缘较宽)、杂质(包裹体或蚀变风化矿物)较少的部位。

(3)把观察对象移至视域中心,让它位于中心直照光线的透射途中。

(4)选用合适的物镜。一般用中倍物镜,仅在观察非常细小的颗粒时才改用高倍物镜。

(5)适当缩小锁光圈。一方面是为了尽量多地挡去斜照光线,另一方面是为了使视域适当变暗,让微弱的贝克线显示出来,尤其是两介质折射率相近时,越要缩小锁光圈。

(6)升降物台时,速度要适宜,幅度不能太大。反复观察时,每次要从准焦位置开始升降。升降物台一般用微调螺旋,尤其是使用高倍物镜时,只能用微调螺旋。

当矿物折射率比树胶折射率大得多时,观察矿物的贝克线,发现提升镜筒贝克线不是移向矿物一方,而是移向树胶一方;有时又发现有两条亮带,提升镜筒,一条向矿物一方移动,另一条向树胶一方移动。这些移动规律异常的"贝克线",称为"假贝克线"。产生假贝克线的原因很多,主要与两介质折射率差值太大和接触面不规整有关。初学者遇到假贝克线或怀疑它是假贝克线时,最简单的处理办法就是放弃对这一部位的观察,而改选其他合适的部位,或改用中心明暗法和斜照法比较折射率相对大小。中心明暗法:下降物台,矿物中心变亮,范围变小,变清晰,则矿物折射率大于树胶折射率(因矿物起凸透镜作用,使光线聚敛);下降物台,矿物中心变暗,范围变小,变模糊,则矿物折射率小于树胶折射率(因为矿物起凹透镜作用,使光线分散)。

3. 洛多奇尼科夫色散效应

当相邻两介质折射率相差很小,而且是用白光作光源进行观察时,贝克线变成了彩色的光带,即贝克线发生了色散;在折射率较高的介质一方以蓝绿色调为特征,称为蓝色带;在折射率较低的介质一方,以橙黄色为特征,称为橙色带。这一现象由苏联岩石学家洛多奇尼科夫首先发现,故称为洛多奇尼科夫色散效应,如石英、酸性斜长石、钾长石、树胶相互接触时,一般可观察到清楚的洛多奇尼科夫色散效应。应用这一色散效应鉴别这些无色矿物是行之有效的。

对洛多奇尼科夫色散效应作合理的解释还得用色散原理。物质的色散有如下特征:①入射波长越短,折射率越大;②入射波长越短,$dN/d\lambda$ 越大,即色散曲线越陡,色散越强;③对于固态物质,折射率大者,$dN/d\lambda$ 较大,色散曲线较陡;④不同物质的色散曲线没有简单的相似关系,即各种物质有自己独特的色散曲线;⑤液态物质一般比固态物质色散强得多,如浸油的色散曲线比矿物的陡。

洛多奇尼科夫色散效应产生的条件是两相邻物质的折射率相差很小,即在可见光范围内相等,但对黄光的折射率仍有差异。图 3-2(a)所示介质 1 和介质 2 的折射率在可见光范围内的平均值是相近的,但对于黄光,N_1 略大于 N_2,因此,介质 1 的色散曲线较陡;对于蓝(紫)光,N_1 更大于 N_2。根据折射定律,蓝(紫)光折向折射率较大的介质 1 一方;对于橙(红)光,$N_1 < N_2$,橙(红)光折向介质 2 一方。这样,贝克线色散成彩色带,靠折射率大的一方(介质 1)为蓝色带,靠折射率小的一方(介质 2)为橙色带。蓝、橙光带这种分布是对准焦在矿片表面附近而言的。如果升降物台,色带会发生移动;下降物台,蓝带向折射率大的介质一方移动,橙带向折射率小的介质一方移动;提升物台,蓝带向折射率小的介质一方移动,橙带向折射率大的介质一方移动,提升到一定程度,蓝带会位于折射率小的介质一方,与洛多奇尼科夫描述的那种色带分布现象相反。由于两介质对蓝(紫)光的折射率差值较大,蓝(紫)光偏折较强烈,则蓝带移动的速度较快;两介质对橙(红)光的折射率差值较小,橙、红光的偏折幅度不大,则橙带的移动速度较慢或难以觉察到。因此,升降镜筒时,一般看到的是蓝带在移动,折射率相差较大时,这种现象更明显。

综上所述,对洛多奇尼科夫色散效应较完整、较正确的表述是:当相邻两介质折射率(N_D)相差很小时,贝克线色散成彩色光带,提升镜筒,蓝色带向折射率较大的介质一方快速移动。

若 N_1，N_2 相差较大，在可见光范围内不相等时，如图 3-2(b)所示，对所有的光，N_1 都大于 N_2，所有的可见光都折向折射率较大的介质 1 一方，然后又合成白色的贝克线，不出现色散效应。若两介质虽对所有可见光的折射率都不相等，但对红光接近相等，则由于对蓝(绿)光折射率差值大，对橙(红)光折射率差值小，贝克线会因微弱色散而带点蓝色调，称为带色的贝克线。

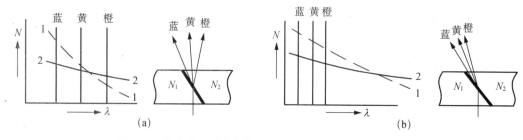

图 3-2　洛多奇尼科夫色散效应成因示意图(曾广策，2006)

洛多奇尼科夫色散效应常用于区分最常见的浅色造岩矿物石英、微斜长石、酸性斜长石(指钠长石、22 号以下的更长石)。石英与微斜长石接触，前者边缘微带蓝色调，后者边缘呈弱橙色调；石英与酸性斜长石接触，前者边缘呈浅蓝色，后者边缘呈浅黄色；微斜长石与酸性斜长石接触，前者边缘呈浅黄色，后者边缘呈浅蓝色。这给鉴定花岗岩带来了很大方便。

三、糙面、突起和闪突起

1. 糙面、糙面的成因及影响糙面的因素

糙面即偏光显微镜下所见矿物的粗糙表面，是光线通过矿片后产生的一种光学效应，是人对矿片表面粗糙程度的一种视觉，并不代表矿片真实的物理粗糙程度。磨制的矿片表面，一般都有不同程度的显微凹凸不平。当覆盖其上的树胶折射率与矿物折射率存在差异时，该表面即一个光学界面，光线通过该界面时要发生折射，使光线发生聚敛和分散。光线聚敛的区域变亮，光线分散的区域变暗，矿片表面明暗不均，给人一种粗糙的感觉[图 3-3(a)，(b)]。

糙面的显著程度主要取决于矿物折射率($N_矿$)与树胶折射率($N_胶$)的差值，差值越大，糙面越显著。糙面的粗糙程度一般用"很显著、显著、不显著"或"很粗糙、粗糙、光滑"等词来描述。镁橄榄石的折射率高(N_m=1.65～1.66)，与 $N_胶$ 差值大(0.11～0.12)，糙面显著。萤石折射率很低(N=1.43)，与 $N_胶$ 差值也大(0.11)，糙面也显著。石英的折射率(N_o=1.544)与 $N_胶$ 很接近，其表面光滑，基本上没有糙面。同一薄片中各矿片表面的物理凹凸不平程度基本是一致的，但不同矿物的糙面却明显不同，这主要是由于 $N_矿$ 与 $N_胶$ 的差值不同。根据糙面的显著程度，再根据贝克线移动规律比较 $N_矿$ 与 $N_胶$ 的相对大小，就可粗略确定 $N_矿$ 值。某些双折射率较大的矿物，其不同的切面具有不同的糙面，某些切面在转动物台时，其糙面显著程度发生变化，这是由于不同切面有不同的折射率、同一切面不同方向的折

射率不同而造成的。如果 $N_矿 = N_胶$，不存在光学界面，光线不发生聚敛、分散，就不会产生糙面[图 3-3(c)]。

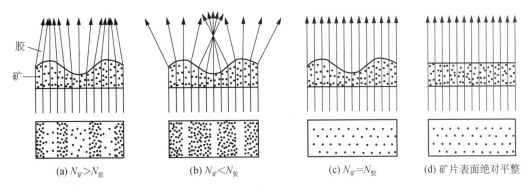

图 3-3　糙面成因示意图(曾广策,2006)

矿片表面光洁度对糙面也有影响。如锆石硬度为 7.5,薄片加工时,磨料难以划伤矿物表面,表面较为光洁平整;磷灰石硬度为 5,薄片加工时磨料容易划伤矿物表面,表面光洁度较差。因此,尽管锆石与树胶折射率的差值比磷灰石与树胶折射率的差值大得多,但锆石的糙面不如磷灰石糙面显著。还有像刚玉、绿柱石等硬度大、解理不太发育的宝石矿物,薄片加工时,表面较光洁,糙面一般不是很显著。一般来说,加工质量高、表面较光洁的薄片会降低矿物的糙面显著程度。假若矿片表面绝对平整,光线通过矿片与树胶的界面时,也不会发生聚敛和分散,就不会产生糙面[图 3-3(d)]。但绝对平整是达不到的,只要折射率有差值,总会产生糙面。

视域的亮度对糙面观察也有影响。亮视域使矿片表面的暗区域也变亮,则糙面显著程度降低;暗视域突出了暗区域,加强了明暗对比度,则糙面明显。观察糙面时,要采用中等亮度,而且对不同矿物、不同切面要采用同等亮度,以便于糙面显著程度对比。有色矿物会使糙面显著程度提高。对有色矿物的鉴定要依据其他更有特征的光性。矿物的微细包裹体、蚀变矿物的存在,会被误认为是糙面显著。对这类矿物要选其较"干净"的部位进行糙面观察。

2. 突起及突起等级

突起是指矿物表面"高出"薄片平面,类似于"正地形"的现象。在薄片中,有的矿物看起来像高高地漂浮于其他矿物之上,有的矿物则像平平地躺在薄片平面上。突起就是用于表征矿物这种"高低不平"的现象的。突起也是光线通过矿片后产生的一种光学效应,是人对矿物边缘和糙面的一种综合视觉,并不代表矿物表面的实际高低,因为同一薄片中的矿片厚度基本一致,矿物表面基本上位于同一高度。突起的高低主要取决于矿物边缘的粗黑程度和糙面的显著程度。边缘越粗黑、糙面越显著,突起越高(图 3-4)。因为边缘和糙面的显著程度取决于 $N_矿$ 和 $N_胶$ 的差值,所以实际上突起的高低主要取决于 $N_矿$ 与 $N_胶$ 的差值,差值越大,突起越高;差值越小,突起越低。

根据 $N_矿$,$N_胶$ 的相对大小,突起分为正突起和负突起:$N_矿 > N_胶$,为正突起;$N_矿 < N_胶$,为负突起。即正突起矿物,折射率大于 1.54;负突起矿物,折射率小于 1.54。负突起并

(a) 负高突起　(b) 负低突起　(c) 正低突起　(d) 正中突起　(e) 正高突起　(f) 正极高突起

图 3-4　突起等级示意图(曾广策，2006)

不是向下凹陷的，它同样给人一种向上突起的感觉(见附录二图 I-1，图 I-2)。如橄榄石折射率大于树胶，为正突起，薄片中给人一种向上突起的感觉。萤石折射率小于树胶，为负突起，但薄片中仍然是给人一种向上突起的感觉。"正、负"是指矿物折射率是"大于"还是"小于"树胶的折射率，并不是指突起是向上还是向下。自然界中折射率大于 1.54 的矿物居多，其突起的高低分为四级：正低突起、正中突起、正高突起、正极高突起(见附录二图 I-3—图 I-6)。低突起的特征是边缘宽度很窄，色调较淡，糙面不显。高突起的特征是边缘粗黑，糙面显著。中突起的特征介于上述二者之间。极高突起的特征是边缘很宽、很黑，如果矿物颗粒细小，几乎整个颗粒变黑，类似于不透明矿物，糙面极为显著。自然界负突起的矿物较少，突起等级仅分为负低突起和负高突起两级。负低、负高两级突起的边缘和糙面的特征类似于上述正低、正高两级突起的边缘和糙面特征，区别仅在于贝克线的移动方向相反。这样，矿物的突起等级共分为六级，六个等级的简要特征列于表 3-1 中，仅供初学者参考。因为突起是人们对矿物表面高低的视觉，简单的文字难以全面准确地描述清楚，要求鉴定者多观察比较，才能逐步具有较高的感性鉴别能力。六个突起等级有各自的折射率范围，知道突起等级后就可大致确定矿物折射率的大小，因此掌握突起等级特征是很重要的。突起等级是无色透明矿物在单偏光显微镜下研究描述的重点光性。

表 3-1　突起等级及其特征

突起等级	折射率	特　征	矿物实例
负高突起	<1.48	边缘粗黑，糙面显著；下降物台，贝克线移向树胶	萤　石
负低突起	1.48～1.54	边缘很细，糙面不显著；下降物台，贝克线移向树胶；折射率较接近 1.54 的矿物，边缘不显著，表面光滑；贝克线色散，提升镜筒，蓝带移向树胶	白榴石 钾长石
正低突起	1.54～1.60	边缘很细，糙面不显著；下降物台，贝克线移向矿物；折射率接近 1.54 的矿物，边缘不清，表面光滑；贝克线色散，提升镜筒，蓝带移向矿物	基性斜长石 石　英
正中突起	1.60～1.66	边缘较粗，糙面较显著；下降物台，贝克线移向矿物	磷灰石
正高突起	1.66～1.78	边缘粗黑，糙面显著；下降物台，贝克线移向矿物	橄榄石
正极高突起	>1.78	边缘很宽、很黑，糙面极显著；下降物台，贝克线移向矿物	石榴石

3. 闪突起及其能见度

闪突起是指旋转物台时，矿物(一般是无色矿物)切面的突起时高时低，发生闪动变化。突起高时，边缘、糙面较明显，矿物表面灰度深；突起低时，矿物边缘、糙面不显，表面亮度大。

这种现象类似于颜色的吸收性(后述)变化,因此又将闪突起称为假吸收。

非均质体矿物的折射率是随入射光波振动方向不同而发生变化的,当旋转物台时,相当于入射光波的振动方向发生了变化,矿物折射率一定会发生改变,因而突起的高低也应该随之发生变化。但是大部分造岩矿物的双折射率都小于 0.06,没有超过一个突起等级的折射率变化范围,突起等级在同一级中变化,肉眼难以觉察。而有些矿物双折射率较大,当光率体椭圆长、短半径分别平行 PP 时,矿物的突起等级由一级变到另一级,从而产生了闪突起,如方解石平行光轴切面:当 N_o(1.658)平行 PP 时,很接近正高突起,边缘和解理纹粗黑,糙面显著[图 3-5(a)];当 N_e(1.486)平行 PP 时,为负低突起,边缘和解理纹不明显,糙面不显著[图 3-5(b)];旋转物台时突起等级由高突起变为低突起,突起等级发生闪动变化。除了方解石,其他碳酸盐矿物如白云石、铁白云石、菱镁矿、菱铁矿等都有这种性质。

闪突起是快速鉴定碳酸盐矿物的重要特征之一。又如白云母垂直(001)切面,解理纹方向为 N_g' 方向,$N_g' \approx N_g \approx N_m \approx 1.60 \sim 1.62$;垂直解理纹方向为 N_p 方向,$N_p = 1.55 \sim 1.57$;当解理纹平行 PP 时,为正中突起,边缘和解理纹较粗,糙面较显著[图 3-6(a)];当解理纹垂直 PP 时,为正低突起,边缘和解理纹很细,糙面不显著[图 3-6(b)];旋转物台时,矿物突起等级发生中突起、低突起的交替变化,同时灰度也发生较亮和较暗的交替变化,类似于黑云母的吸收性变化。

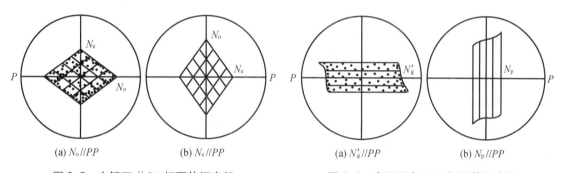

(a) $N_o /\!/ PP$　　　　(b) $N_e /\!/ PP$　　　　　　(a) $N_g' /\!/ PP$　　　　(b) $N_p /\!/ PP$

图 3-5　方解石 $/\!/ OA$ 切面的闪突起　　　　图 3-6　白云母上(001)切面的闪突起

闪突起的能见度首先取决于矿物的最大双折射率,只有那些最大双折射率较大的,而且最大、最小折射率分别属于两个不同突起等级的折射率范围的矿物才可能有闪突起。如方解石 N_e 平行 PP 时为负低突起,N_o 平行 PP 时为正中—正高突起;白云石 N_e 平行 PP 时为负低突起,N_o 平行 PP 时为正高突起;菱铁矿 N_e 平行 PP 时为正中突起,N_o 平行 PP 时为正极高突起;等等。这些碳酸盐矿物的最大双折射率很大,两个方向的突起等级相差两级,不仅在平行 OA 切面上能见到明显的闪突起,而且在与 OA 有一定交角的切面上也能见到闪突起。另一些矿物,如含 Fe^{3+} 的白云母,其 N_p 平行 PP 时为正低突起,N_g 平行 PP 时为正中突起;铁滑石 N_p 平行 PP 时为正低突起,N_g 平行 PP 时为中突起;孔雀石 N_p 平行 PP 时为正中~正高突起,N_g 平行 PP 时为正极高突起;等等。这些矿物最大双折射率不是很大,两个方向的突起等级只相差一级,只有在平行(或接近平行)OA 或平行(或接近平行)OAP 的切面上才能见到闪突起。见到了闪突起,则该矿物的最大双折射率一定较大。然而,当矿物的最大双折射率很大,但最大、最小折射率属于同一突起等级的折射率范围时,则不一定能见到闪突起。如榍石的最大双折射率高达 0.192,金红石、合成金红石的最大双折射率高达 0.298,但由于榍石的三个主折射率均大于 1.843,金红石、合成金红石的折射率均大于 2.616,两个方向的突起等级均在正极高以上,突起即使有些变化,肉眼也难以觉察。

闪突起是否出现还与矿物的切面方位有关。不是最大双折射率很大的矿物的所有切面都能见到闪突起:垂直 OA 切面,双折射率为零,旋转物台时,闪突起高低不变化;平行 OA 或平行 OAP 切面,双折射率最大,闪突起最显著。对于最大双折射率不太高的矿物,如白云母、铁橄榄石、滑石等,只有在平行 OAP 或接近平行 OAP 切面上才能见到闪突起。

矿物的颜色和吸收性变化会严重干扰闪突起的观察。如黑云母的最大双折射率比白云母大,其闪突起理应比白云母强,但黑云母颜色、吸收性变化大,掩盖了闪突起现象,使闪突起现象难以觉察出来。因此闪突起是无色或极淡色调透明矿物的鉴定特征之一。

四、实验内容

(1) 观察并比较矽卡岩薄片中的石榴子石,辉石,花岗岩薄片中的黑云母石英及晶体中萤石薄片的闪突起,确定各矿物的突起等级,填于表 3-2 中。

表 3-2　矿物闪突起等级

矿物	石榴子石	辉石	黑云母	石英	萤石
闪突起等级					

(2) 在花岗闪长岩薄片中用贝克线移动规律比较黑云母与石英的折射率的相对大小,折射率:黑云母_____石英。

用色散效应比较长石与石英的折射率的相对大小,折射率:石英_____长石。

(3) 观察方解石薄片的闪突起现象和矽卡岩或砂岩薄片中白云母的闪突起现象。

五、作业题

(1) 闪突起高低取决于什么? 如何判断闪突起正负?

(2) 比较相邻两矿物折光率大小有几种方法。

(3) 贝克线移动规律如何? 为什么有这样的规律?

(4) 何谓闪突起? 非均质矿物是否都有闪突起? 什么方向的切片闪突起最明显?

实验四

单偏光镜下晶体光学现象（二）

一、实验的目的与要求

(1) 掌握解理等级划分的标准；

(2) 学会解理夹角测定方法；

(3) 认识多色性及吸收性现象，学会多色性与吸收性的表达。

二、解理和解理夹角的测定

1. 解理纹及其能见度

解理是指矿物受外力作用后沿一定结晶学方向裂成光滑平面的性质，是鉴定矿物的特征之一。在显微镜下见到的不是解理面本身，而是解理面与薄片平面的交线，这条交线一般为一条明显的黑线，称为解理纹。

解理纹的成因与边缘的成因类似。磨制薄片时，由于受机械力作用，矿物沿解理面裂开，其间充填树胶，一般情况下，由于 $N_{矿}$ 与 $N_{胶}$ 有差值，光线通过矿物与树胶的界面时发生折射、反射，致使光线发生聚敛和分散，光线聚敛的一侧形成亮线，即贝克线，光线亏损的一侧形成暗带，即解理纹。

在薄片中，根据能否见到解理纹来确定矿物是否具有解理；根据解理纹的平直、连续性来确定解理的完善程度；根据解理纹的多向性来确定解理的组数；在定向切面上根据解理纹的夹角来确定解理的夹角。在岩石薄片中比在手标本上观测解理更为容易和准确。

解理是矿物的力学性质，而不是光学性质，但解理纹的显示是一种光学效应，解理纹的明显程度与矿物的光学性质（折射率）有关。像晶形一样，通常也把解理列为光性矿物学的研究、描述内容之一。

解理纹的能见度主要取决于以下三个因素。

(1) 矿物的解理性质。

只有具解理的矿物才可能见到解理纹，只有具多组解理的矿物才可能见到多组解理纹，只有具极完全解理的矿物才可能见到平直、连续、密度大的解理纹。

(2) 矿物的切面方向。

切面方向不同，解理纹的清晰程度、宽度、组数都有可能不同。令切面法线与解理面的交角为 α，则 α 决定解理纹的可见性、宽度和清晰程度。

① α 决定解理纹的可见性。当 $\alpha=0°$ 时，即切面垂直解理面时，自然能见到解理纹，如云母切面$\perp$(001)，解理纹清晰可见。当 $\alpha=90°$，即切面平行解理面时，切面与解理面不相交，

35

自然见不到解理纹,如云母切面//(001),则见不到解理纹。当切面与解理面斜交时,解理面与切面有交线,理论上会见到解理纹,但由于光学原理,α 增大到某一极限值时,显微镜下就见不到它了,α 这个极限值就叫作解理纹可见临界角,即当 α 小于临界角时才能见到解理纹。解理纹可见临界角取决于 $N_{矿}$ 与 $N_{胶}$ 的差值,差值越大,临界角越大;差值越小,临界角越小。一些最常见矿物的解理纹可见临界角($\alpha_{临}$)如下:

十字石、绿帘石等,$N>1.70$,$\alpha_{临}$ 可达 $40°$;

黑云母、红柱石、角闪石、辉石等,$N=1.60\sim1.70$,$\alpha_{临}$ 为 $25°\sim35°$;

中基性斜长石、方柱石等,$N=1.55\sim1.60$,$\alpha_{临}$ 为 $15°\sim25°$;

钾长石,$N=1.51\sim1.53$,$\alpha_{临}$ 约为 $15°$;

萤石,$N=1.43$,$\alpha_{临}$ 约为 $25°$。

$\alpha_{临}$ 较大,则解理纹出现的概率就较大,就容易观察到解理纹。如辉石和斜长石都是具有两组完全解理,但显微镜下辉石常容易见到解理纹,而斜长石则往往难以见到解理纹,原因之一就是辉石的 $\alpha_{临}$ 比斜长石的 $\alpha_{临}$ 大,辉石解理纹出现的概率较大。

② α 决定解理纹的宽度。设解理缝的真宽度为 d,解理纹在切面上的出露宽度(即解理缝的视宽度)为 d'(图 4-1),则 $d/d'=\sin(90°-\alpha)$,$d'=d/\cos\alpha$。当 $\alpha=0°$ 时,$d'=d$,解理纹宽度最小;当 α 增大时,$\cos\alpha$ 变小,d' 增大;当 α 接近临界角时解理纹最宽。

③ α 决定解理纹的清晰度。当 $\alpha=0°$ 时,即切面垂直解理面,解理纹最清晰,即使在高倍镜下升降物台,解理纹也不左右移动[图 4-2(a)]。当 α 增大时,解理纹变模糊,升降物台,解理纹左右平移[图 4-2(b)];当 α 接近解理纹可见临界角时,解理纹最模糊,升降物台,解理纹平移幅度和速度最大。

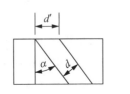

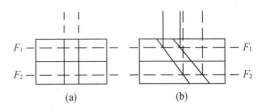

图 4-1　解理纹宽度与解理缝宽度的关系　　　图 4-2　解理纹清晰度示意图

以普通角闪石为例:垂直 c 轴的切面,切面同时垂直两组解理面,两组解理面与切面法线的交角 $\alpha=0°$,可见到两个方向的解理纹,解理纹最细、最清晰;切面//(010),两组解理面与切面法线的交角 $\alpha=28°$,接近解理纹可见临界角($25°\sim35°$),两组解理纹都可见到,但比较模糊,又因为两组解理面与(010)面的交线是互相平行的,因此只能见到一个方向的解理纹;切面//(100),两组解理面与(100)面法线的交角 $\alpha=62°$,大大超过了解理纹可见临界角,因此在此面上见不到解理纹(图 4-3)。

(3) $N_{矿}$ 与 $N_{胶}$ 的差值。

如前所述,$N_{矿}$ 与 $N_{胶}$ 的差值,不仅决定解理纹可见临界角的大小,而且影响解理纹的粗黑程度:差值越大,临界角越大,解理纹越粗黑,也就是说折射率与树胶折射率差越大的矿物,其解理纹出现的概率越大、灰度越黑,更容易见到解理纹。如辉石和斜长石都具有两组

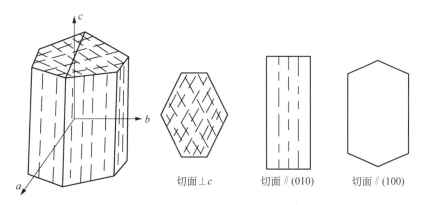

图 4-3　解理纹可见度与切面方向的关系

完全解理,但显微镜下辉石比斜长石容易见到解理纹,其原因除了前述的辉石的 $\alpha_{临}$ 比斜长石的 $\alpha_{临}$ 大之外,另一个原因就是辉石的折射率与树胶折射率差值较大,解理纹较粗黑而显目,而斜长石的折射率与树胶的折射率接近,解理纹细淡而不易被觉察出来。若要观察斜长石的解理纹,需适当缩小锁光圈,在暗视域中进行。由上可知,若宝石具有解理、裂理,需用合成树胶、液态塑料充填它们以改善宝石质量时,应尽量选用折射率与宝石折射率相近的填充材料。

2. 解理的等级及其特征

解理的完善程度一般分为三级:极完全解理、完全解理和不完全解理。解理的等级,在显微镜下只能通过对解理纹的观察进行确定。

(1)极完全解理:解理纹均匀平直,连续而贯通整个晶体,密度大。如黑云母的解理[图 4-4(a)]。

(2)完全解理:解理纹均匀平直,但不完全连续,有的解理纹断开,解理纹之间的间距较大。如角闪石、辉石、斜长石、钾长石等矿物的解理[图 4-4(b)]。

(3)不完全解理:解理纹断断续续,其断开区的两端有像跟踪张性断裂那样的雁行状错开,解理纹总体上显得不平直,解理纹之间的间距很宽。如磷灰石、橄榄石类矿物的解理[图 4-4(c)]。

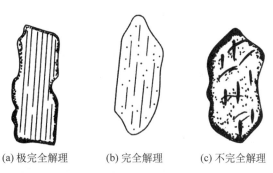

(a)极完全解理　　　(b)完全解理　　　(c)不完全解理

图 4-4　解理的等级示意图

解理纹的粗细虽然与解理完善程度有关(如极完全解理容易裂开,其间充填树胶较厚,解理纹较粗),但如前所述,主要还是取决于 $N_{矿}$ 与 $N_{胶}$ 的差值和 α 角,差值越大,α 越大,解理纹越粗黑。对解理等级的确定,最好都依据垂直解理面切面上的解理纹特征,以便有一个统一的对照标准,依据其他切面上解理纹的特征会降低解理的等级。

3. 解理夹角的测定

当矿物具有多组解理时,要测定解理夹角。不同的矿物,解理夹角不同。如辉石两组解理的夹角为93°和87°,角闪石两组解理的夹角为124°和56°(见附录二图Ⅲ-5)。解理夹角也是矿物的重要鉴定特征之一。

解理夹角即两个解理面的夹角。按立体几何定义,要求出两个平面的夹角,必须作第三个平面,且第三个平面同时垂直这两个平面,这两个平面与第三个平面的交线的夹角即为这两个平面的夹角。因此,测定解理夹角,必须选择同时垂直两组解理面的切面,在此切面上测量两组解理纹的夹角。如测量角闪石和辉石两组解理的夹角,必须选择垂直 f 轴的切面,在此切面上测量两组解理纹的夹角即可。

测量解理夹角的操作步骤如下:

(1) 选择同时垂直两组解理面的切面,其特征是:两组解理纹同时最细、最清晰,且两组解理纹宽度、清晰度相同,升降镜筒,两组解理纹都不平行移动。

(2) 将选好的切面置于视域中心,并使其中的任意两条解理纹的交点(最好靠矿物中心)与十字丝交点重合。

(3) 旋转物台,使一条解理纹与纵丝(或横丝)一致,记录物台读数 x_1[图 4-5(a)]。

(4) 旋转物台,使另一条解理纹与纵丝(或横丝)一致,记录物台读数 x_2[图 4-5(b)]。

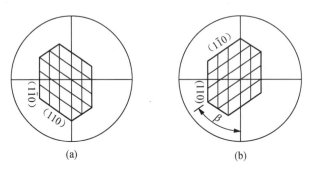

图 4-5　解理夹角测定步骤示意图

(5) 计算解理夹角 $\beta=|x_1-x_2|$,记录为解理 $1 \wedge$ 解理 $2=\beta$。如角闪石两组解理面分别为$(1\bar{1}0)$和$(1\bar{1}0)$,夹角为 56°,记录为$(1\bar{1}0) \wedge (110)=56°$。

三、颜色、多色性和吸收性

1. 矿物的颜色及其成因

晶体光学中所指的矿物的颜色是以白光作光源,矿物在单偏光镜下(或薄片中)的色泽(或色彩),严格地说应称为矿物的镜下颜色,以区别矿物在手标本上的颜色。矿物的镜下颜色是矿物对白光中不同波长单色光选择性吸收的结果,即白光透过矿片时,矿片对白光中某段波长的单色光部分地或全部吸收,未被吸收的单色光透出矿片混合而成所见的颜色。

矿物对光波选择性吸收表现为两个方面:一是对吸收光波的波长有选择,不同的矿物吸收的光波波长不同,造成矿物颜色色彩(即白、灰、黑色以外的其他颜色)不同;二是不同的矿物吸收光波的强度(量)不同,造成矿物颜色的深浅不同。

矿物的颜色遵从色光混合互补原理。白光主要由红、橙、黄、绿、蓝、青、紫7种单色光组成,红、黄、蓝为三原色,三原色按不同比例混合形成介于其中间的混合色。图4-6中对顶的两色为互补色,如红与绿、黄与青、蓝与橙等均为互补色。生活中见到互补色的实例有彩色底片(负片)与照片(正片)上的颜色为互补色。更有趣的是,任何强度的颜色,如果在自然环境中看它一会儿,然后把视线移到白色表面上,该表面上就会出现互补色。互补两色混合即成为白色。如果晶体对红光完全吸收,而对其他色光少量的等量吸收,则透出晶体的光混合成绿色。如果矿物对白光中各种色光均等量地吸收,则透出矿片的光混合仍为白光,仅亮度有所减弱,这类矿物称为无色矿物。

图 4-6　色光的互补原理

不同的矿物对光波的吸收强度不同,表现为矿物颜色的深浅程度不同:吸收强度越大,透出矿物的光量越少,则矿物颜色越暗(深);吸收强度越小,透出光量越大,则矿物越亮,颜色越浅。

矿物的颜色主要取决于矿物的本性,即取决于矿物的化学成分、晶体的结构特点、晶体缺陷、杂质及超显微包裹体等。

矿物的化学成分,尤其是过渡族金属元素 Fe,Mn,Cr,Ni,Co,Cu,Zn 等变价元素或镧系元素的存在是影响矿物颜色的主要因素,这些元素称为色素离子。如含 Fe^{2+} 常呈绿色(铁辉石、绿泥石、蓝宝石等);含 Fe^{3+} 呈褐、红色(玄武闪石、褐铁矿等);含 Ti^{4+} 呈褐、褐红色(榍石)、蓝色(蓝宝石);含 Cr^{3+} 呈翠绿色(铬透辉石、祖母绿、翡翠)、红色(红宝石、尖晶石);含 Mn^{2+} 呈玫瑰色(蔷薇辉石)、橘色(锰铝榴石);含 Mn^{3+} 呈红色(红帘石);含 Ni^{2+} 呈绿色(镍华);含 Cu^{2+} 呈蓝色(蓝铜矿、绿松石、硅孔雀石)、绿色(孔雀石);含 V^{2+} 呈绿色(绿柱石、钙铝榴石)。除色素离子外,其他成分也影响矿物的颜色,而且化学成分对颜色是起综合性影响的。如同样是含 Fe^{2+},其他成分不同,则矿物的颜色不同:普通角闪石、普通辉石、海蓝宝石、金绿宝石都含有 Fe^{2+},但普通角闪石(含 OH^-)呈蓝色、绿色,普通辉石(无 OH^-)近于无色,海蓝宝石(含较多的碱金属离子)呈湖绿色,金绿宝石呈黄、橘黄、黄绿色等。

晶体缺陷也能致色。引起颜色的晶体缺陷叫色心。阴离子缺位造成的晶体缺陷叫 F 心,F 心能捕获电子,又叫电子色心。如有的萤石具 F 心,捕获电子时吸收了黄绿色光而呈紫色(紫萤石)。电子缺位造成的晶体缺陷叫 V 心,又称空穴色心。如紫晶的紫色就是 Fe^{3+} 置换 Si^{4+} 时形成的 V 心而致色的。晶体受辐射和受热可以引起色心的产生和消失。如紫晶和烟晶受日光长期照射,引起色心消失而褪色,褪色的紫晶和烟晶受高能辐射又能再现色心而再度呈色。薄片中见黑云母的微细锆石包裹体周围具多色性晕圈,也是因为受锆石中的放射性元素辐射所产生的。在宝石人工优化处理中,常用辐射法对宝石改色。海南碱性玄武岩中的宝石级暗红色锆英石巨晶,在 1 000℃条件下灼烧 30 分钟,变为极淡的玫瑰色,在 1 200℃条件下恒温半小时,变为无色。这在宝石加工时是应值得注意的。

矿物的镜下颜色和手标本上的颜色是有差异的。矿物的镜下颜色是偏光透过矿片后引起的视觉效应,而手标本颜色是反射光下的吸收、散射等引起的视觉效应。手标本上有色的矿物,薄片中不一定是有色的;手标本上矿物颜色较深,薄片中一般较浅;手标本上矿物是一种颜色,薄片中可呈现多种颜色。薄片中的颜色除了与矿物的本性有关外,还与矿物的切片方位、矿片厚度、矿片光率体半径同偏光振动方向的交角有关。

2. 非均质体矿物的多色性、吸收性

均质体矿物,光性上表现为各向同性,对光波的选择性吸收不随方向的改变而改变。因此,旋转物台,均质体矿物的颜色色彩和浓度不会发生改变。非均质体矿物光性上表现为各向异性,对光波的选择性吸收随方向的不同而改变。因此,在显微镜下旋转物台时,非均质体矿物的颜色色彩和浓度一般情况下都会发生改变。非均质体矿物颜色色彩发生改变、呈现多种色彩的现象称为多色性,颜色深浅发生改变的现象称为吸收性。

非均质体矿物,若在偏光显微镜下能见到颜色,一般都能观察到多色性和吸收性,只是多色性和吸收性的明显程度不同而已。

多色性明显,是指矿物颜色色彩变化明显。如紫苏辉石平行 OAP 切面的颜色为淡红色~淡绿色,色彩由红变到绿;普通角闪石平行 OAP 切面的颜色为深蓝绿色~浅黄绿色,色彩由蓝绿变到黄绿。普通角闪石和紫苏辉石的多色性都较强。吸收性强是指颜色的深浅(或明暗)程度变化大,如煌斑岩中的黑云母斑晶(高温型褐云母),垂直解理面切面的颜色为暗褐~淡褐,虽然颜色色彩变化不大,都为褐色,但深浅变化大,由暗变到很淡,即吸收性强。有的矿物多色性很明显,吸收性也强,如普通角闪石;有的矿物多色性明显,但吸收性不强,如紫苏辉石;而有的矿物多色性不是很明显,但吸收性很强,如黑云母。

影响矿物多色性、吸收性的根本因素是矿物的本性,不同的矿物有不同的多色性和吸收性。多色性和吸收性是鉴定有色非均质体矿物的重要特征,是单偏光显微镜下研究、描述的重点光性。此外,矿物的切片方位、矿片的厚度、视域亮度等也影响矿物的多色性和吸收性。

同种矿物的不同切面所表现出的多色性和吸收性不同:垂直 OA 切面,无多色性和吸收性;一轴晶平行 OA 切面和二轴晶平行 OAP 切面,多色性和吸收性最强;其他方向的切面,其多色性和吸收性介于上述二者之间。矿片厚度越大,则总的吸收率越大,颜色越深;反之颜色越浅。视域越暗,多色性和吸收性的微弱变化越易观察到。因此,观察研究多色性和吸收性,要在标准厚度的薄片、中等亮度条件下,选择定向切面进行。

3. 多色性、吸收性的表征

对矿物的多色性进行描述,首先要对其特征性的颜色进行描述。一般用原色和混合色名称来称呼,如紫红、橙红、品红、绿、黄绿、青绿等,但在岩矿鉴定和宝玉石鉴定中有时也用品名色,如橄榄绿、苹果绿、柠檬黄、威尼斯红、天蓝等。宝石色彩的深浅变化分很暗、暗、中等、浅、很浅五个级别;岩矿鉴定中分三个级别:一般用深、浅或暗、淡来描述色彩的深浅;不带字头即表示中等程度。"很淡"或"极淡"的色彩表示有颜色的感觉,但观察不出多色性,可作五色对待,用"带××色调""××色调"术语加以描述。

前文已述,矿物的镜下颜色不仅受矿物的本性而且也受矿物切片方位的影响;不仅不同切面的颜色不同,而且同一切面中,当切面椭圆半径与 PP 交角不同时,其颜色也不同。正常人的眼睛,从紫到红可分辨出 120 多种色彩,加上人工合成宝石增加的 22 种色彩,一共能分辨出 150 多种色彩。这样,对矿物镜下颜色的描述和记录,就必须规定只描述某几个方向的特征颜色,否则,描述的颜色过多,不仅工作量过大,而且不利于对比和鉴定。

对一轴晶矿物,只描述和记录 N_e 和 N_o 方向的颜色。以前认为一轴晶只有两个主要颜色,并把这种性质称为二色性,这是不全面的。现在仍习惯把观察多色性的仪器叫二色镜。当 N_e 与 PP 平行,在 N_e 方向上振动的光波振幅最大、光强度最强(N_o 方向的振幅为零),矿片显示的是吸收 N_e 方向振动的光波之后的颜色。同理,当 N_o 与 PP 平行,N_e 方向的振幅为零,矿片显示的是吸收 N_o 方向振动的光波之后的颜色。当矿片处于上述两个位置之间时,则矿片显示上述两种颜色之间的过渡色。因此一轴晶有色矿物的颜色不只是两种,而是多种。由于 N_e,N_o 在偏光显微镜下容易定位,而中间过渡位置一般无法定位,因此对于一轴晶矿物只观察和描述 N_e,N_o 两个方向的颜色。如黑色电气石(蓝碧玺)晶体平行 c 轴(即 N_e 或 OA 方向)的切面为长方形,其长边方向为 N_e 方向,与之垂直的方向为 N_o 方向:当切面长边方向与 PP 一致时,即 N_e 与 PP 平行时,矿片呈现浅紫色[图 4-7(a),见附录二图Ⅱ-1];旋转物台 90°,即 N_o 与 PP 平行时,矿片呈现深蓝色[图 4-7(b),见附录二图Ⅱ-2];当切面长边与 PP 斜交时,矿片呈现浅紫到深蓝之间的过渡色[图 4-7(c)]。则黑色电气石(蓝碧玺)的多色性记录为:N_e＝浅紫色,N_o＝深蓝色。"N_e＝浅紫色,N_o＝深蓝色"即为黑色电气石的多色性公式。一轴晶的多色性公式的通式是"N_e＝××色,N_o＝××色",它是一轴晶多色性的文字符号表达式或记录方式。

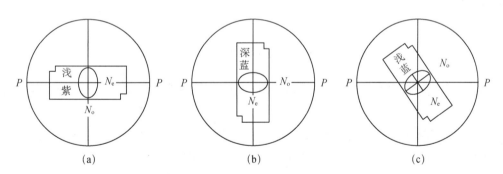

图 4-7　黑色电气石平行 c 轴切面的多色性

黑色电气石 N_o 方向的颜色很深,表现 N_o 方向吸收强度较大(吸收光波量大,透出光波量少,颜色发暗);N_e 方向颜色浅,表明 N_e 方向吸收强度较小(吸收光波量少,透出光波量大,矿片发亮而色浅)。因此黑色电气石的吸收性记作:$N_o>N_e$。"$N_o>N$"称作黑色电气石的吸收性公式。一轴晶的吸收性公式是"$N_o>$(或<)N_e",它是一轴晶矿物吸收性的文字符号表达式或记录方式。

同理,对二轴晶主要描述 N_g,N_m,N_p 三个方向的颜色。观察描述二轴晶矿物的多色性、吸收性至少要选择两个切面,多数情况下最简易的方式是选择平行 OAP 和垂直 OA 的两个切面。在垂直 OA 的切面上,观察到的是 N_m 的颜色,无多色性。平行 OAP 的切面,多色性强:当 N_g 与 PP 平行时,显示 N_g 方向的颜色;当 N_p 与 PP 平行时,显示 N_p 方向的颜色;当 N_g，N_p 与 PP 斜交时,显示 N_g，N_p 两种颜色之间的过渡色。有时根据晶体的光性方位,也可选择其他切面。现以普通角闪石为例说明二轴晶矿物多色性、吸收性的观测和表征。普通角闪石晶体垂直 c 轴的切面,形态为近菱形的六边形,两组解理纹最细,且交角为 $56°,124°$，其解理纹交角的锐角等分线即 N_m 方向,当此方向平行 PP 时,矿片显示绿色,记作 $N_m=$ 绿色[图 4-8(a),见附录二图 Ⅱ-3]。普通角闪石平行 OAP 的切面,一般为不规则长方形,有不清晰的解理纹,当 N_g 与 PP 平行时(PP 与解理纹成小于 $25°$ 的交角,且正交偏光镜下矿片黑暗),矿片颜色最暗,为深绿色,记作 $N_g=$ 深绿色[图 4-8(b),见附录二图 Ⅱ-4];当 N_p 与 PP 平行时(即从上述位置旋转物台 $90°$，此时解理纹方向与目镜纵丝成小于 $25°$ 的交角,且正交镜下矿片黑暗),矿片颜色最淡,为浅黄绿色,记作 $N_p=$ 浅黄绿色[图 4-8(c),见附录二图 Ⅱ-5]。

因此,普通角闪石的多色性为:$N_g=$ 深绿色,$N_m=$ 绿色,$N_p=$ 浅黄绿色,这三个式子称作普通角闪石的多色性公式。二轴晶矿物多色性公式用"$N_g=××$ 色,$N_m=××$ 色,$N_p=××$ 色"三个式子表示,它们是二轴晶矿物多色性的文字符号表达式或记录方式。

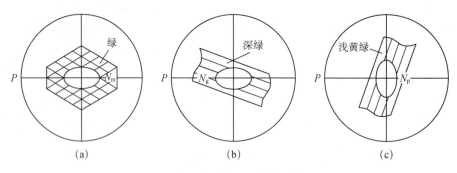

图 4-8 普通角闪石的多色性

从普通角闪石的多色性可以看出,N_g 方向颜色最深,吸收强度最大;N_p 方向颜色最浅,吸收强度最小;N_m 方向吸收强度介于二者之间。因此,普通角闪石的吸收性记作:$N_g>N_m>N_p$。"$N_g>N_m>N_p$"称作普通角闪石的吸收性公式。二轴晶矿物的吸收性公式包含三个光率体主轴符号,其间用大于号或小于号或等于号相连。$N_g>N_m>N_p$ 的吸收性称为正吸收,$N_g<N_m<N_p$ 的吸收性称为反吸收。正、反吸收性也是鉴定非均质有色矿物的重要特征之一。如钠铁闪石的多色性公式为:$N_g=$ 浅黄绿,$N_m=$ 黄绿,$N_p=$ 深蓝绿;吸收性为 $N_g<N_m<N_p$，为反吸收。反吸收是碱性角闪石、碱性辉石的鉴定特征之一。

黑云母颜色最深时的解理缝方向为 N_g 方向,为暗褐色(见附录二图 Ⅱ-6),吸收性强;黑云母垂直(001)切面 N_p 方向,为淡褐色,吸收性弱。

四、实验内容

(1) 观察橄榄岩薄片中的橄榄石、角闪绿泥石片岩薄片中的角闪石、黑云母花岗岩薄片中的黑云母和石英的解理;确定各矿物的解理等级,并分别作出镜下素描。

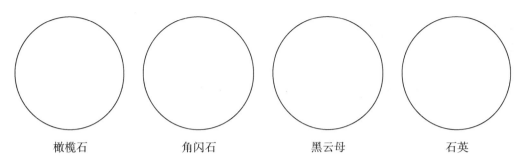

| 橄榄石 | 角闪石 | 黑云母 | 石英 |

(2) 确定石榴石、萤石、长石(花岗闪长岩中)的解理等级。石榴石为_____；萤石为_____；长石为_____。

(3) 在透辉石薄片中寻找辉石的合适切面，在角闪石薄片中寻找角闪石的合适切面，分别测定辉石与角闪石的解理夹角。在 106 大理岩薄片中测方解石的解理夹角。

辉石的解理角＝_____；角闪石的解理角＝_____；方解石的解理角＝_____。

(4) 观察角闪绿泥石片岩薄片中的黑云母和角闪石的多色性和吸收性，并分别写出吸收性公式和多色性公式。

已知：黑云母颜色最深时的解理缝方向为 N_g 方向；角闪石颜色最深时的解理缝方向为 N_g 方向。

公式	黑云母	角闪石
多色性公式		
吸收性公式		

五、作业题

(1) 已知角闪石二组解理夹角为 56° 或 124°，为什么在薄片中测出的解理夹角可大于或小于上述角度？应选择什么方向的切面，才能测得真正的解理夹角，此切面在单偏光下具有什么特征？

(2) 矿物的多色性在什么方向的切片上最明显？确定矿物的多色性公式，需选择什么方向的切片？

(3) 黑云母有一组极完全的解理，为什么在岩石薄片中有看不见解理的颗粒？

(4) 角闪石具有二组解理，为什么在岩石切片中有只具一组解理、二组解理或没有解理的三种情况？

(5) 为什么在岩石薄片中能见到解理缝？解理缝的可见程度与哪些因素有关。为什么有的矿物有解理，而薄片中却不易看到解理缝？

实验五

正交偏光镜下晶体光学现象（一）

一、实验的目的与要求

（1）掌握正交偏光镜装置及特点；

（2）掌握干涉色及干涉色级序的概念；

（3）学会使用石英楔测定矿片的干涉色级序及双折率大小。

二、正交偏光镜的装置及特点

正交偏光镜是正交偏光显微镜的简称，是同时使用上、下两个偏光镜的显微镜，而且上、下偏光镜的振动方向互相垂直即正交，故称为正交偏光镜。

正交偏光镜的装置操作非常简单，在显微镜调节校正好后，只要在单偏光镜的基础上，推入上偏光镜即成为正交偏光镜。正交偏光镜的下偏光振动方向 PP 一般平行十字丝横丝方向，即位于东西或左右方向；上偏光振动方向 AA 一般平行十字丝纵丝方向，即位于南北或前后方向。

物台上不放矿片时，正交偏光镜的视域完全黑暗，因为自然光通过下偏光镜后变成振动方向平行 PP 的偏光，该偏光振动方向与 AA 垂直而不能透出上偏光镜。物台上放置均质体矿片时，矿片也呈现黑暗，因为来自下偏光镜的偏光透出矿片后，仍为振动方向平行 PP 的偏光，它同样不能透出上偏光镜。

物台上放置非均质体斜交 OA 的切片，旋转物台时：有时只有振动方向平行 PP 的一种偏光透出矿片，它不能透出上偏光镜，矿片呈现黑暗；有时有振动方向分别平行光率体椭圆两半径方向的两种偏光透出矿片。这两种偏光的振动方向与 AA 斜交，一部分可透出上偏光镜，矿片变亮。非均质体斜交 OA 的切片，在正交偏光镜下旋转物台时，时而变暗时而变亮的现象就是下面要介绍的消光现象和干涉现象。

三、正交偏光镜下矿片的消光现象和消光位

非均质体矿物斜交 OA 切面，在正交偏光镜下旋转物台时，有时变黑暗，有时变亮。正交偏光镜下透明矿物矿片呈现黑暗的现象称为消光。消光的切面有下列三种类型。

（1）第一种为均质体任意切面。由于偏光进入均质体不发生双折射，透出矿片的偏光，其振动方向仍然平行 PP 而与 AA 垂直，不能透出上偏光镜，矿片呈现黑暗，即消光。

（2）第二种为非均质体矿物垂直 OA 的切面，即圆切面。由于光波在这种切面中是沿 OA 方向传播的，也不发生双折射，透出矿片的偏光，其振动方向也仍然平行 PP 且与 AA 垂

直,同样不能透出上偏光镜,矿片呈现黑暗,即消光[图 5-1(a)]。

以上两种切面,其消光不会因为旋转物台而发生改变,即旋转物台 360°,矿片始终保持黑暗,这种现象称为全消光。因此,正交偏光镜下全消光的切面,要么是均质体的任意切面,要么是非均质体垂直 OA 的切面。

(3) 第三种为非均质体斜交 OA 切面,但其光率体椭圆长、短半径分别平行 PP,AA。当光率体椭圆半径 N_1 平行 PP 时,不发生双折射,只有振动方向平行 N_1 方向(也平行 PP)的偏光透出矿片,该偏光因振动方向与 AA 垂直,不能透出上偏光镜,矿片消光[图 5-1(b)]。当光率体椭圆半径 N_2 平行 PP 时,只有振动方向平行 N_2 方向(也平行 PP)的偏光透出矿片,它同样不能透出上偏光镜,矿片也消光[图 5-1(c)]。旋转物台 360°,矿片光率体椭圆长、短半径分别有两次机会与 PP 平行,矿片共有四次消光。偏离消光位置,来自下偏光镜的偏光进入矿片后发生双折射,形成两种偏光,这两种偏光的振动方向与 AA 斜交,一部分会透出上偏光镜,矿片变亮。因此,旋转物台 360°,非均质体的斜交 OA 切面会出现"四明四暗"的现象。反推理,出现"四明四暗"现象的切面,一定是非均质体的斜交 OA 的切面,即该矿物一定是非均质体矿物。

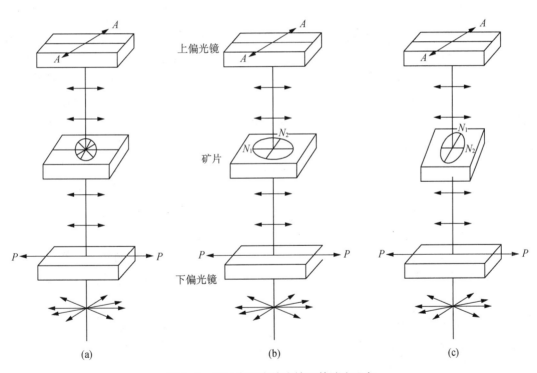

图 5-1 矿片在正交偏光镜下的消光现象

非均质体矿物的斜交 OA 切面,在正交偏光镜下处于消光时的位置,称为消光位。这类切面处在消光位时,其光率体椭圆长、短半径分别平行 PP,AA。偏光显微镜的 PP,AA 一般是调节到与目镜十字丝方向一致的。因此,非均质体矿物的斜交 OA 切面处于消光位时,目镜十字丝方向即代表切面光率体椭圆半径的方向。

　　某些色散较强的单斜晶系和三斜晶系矿物,发生光率体色散,各色光的光率体不重叠在一起,其切面上各色光的光率体椭圆半径方向各不相同,切面对不同的色光有不同的消光位。当切面的紫光光率体椭圆半径与 PP,AA 一致时,矿片对紫光消光而呈现暗褐红色,当红光光率体椭圆半径与 PP,AA 一致时,矿片对红光消光而呈现暗蓝紫色,即矿片出现"不消光现象"。这种"不消光现象"在色散较强矿物的垂直 OA 的切面上更为明显。如橄榄石,由于光率体色散,不存在同时垂直所有色光光轴的切面。当切面垂直黄光光轴时,则与红、橙、绿、青、蓝、紫光光轴是斜交的,旋转物台时,切面色调(干涉色)由暗蓝紫色过渡到暗红褐色,不仅没有全消光现象,而且也没有消光现象。因此,寻找色散较强矿物的垂直 OA 的切面时,找不到完全黑暗的全消光切面。这种情况下,用单色光,可以出现四次消光。但作者发现被粉晶方解石交代假象矿物,由于单个粉晶颗粒的光性方位各不同,处在消光位的粉晶可以被非消光位的晶体所照亮,整体上永远是明亮的,即使使用单色光,也表现为"永不消光"。

四、正交偏光镜下矿片的干涉现象

1. 光波的相干性

　　两个相干波在空间上相遇,在某些地方,振动始终加强,在某些地方,振动始终减弱或完全抵消,从而出现亮度的明暗变化或出现色彩,这种现象称为干涉现象。

　　物理光学指出,两相干波必须具备三个条件:频率相同,振动方向相同,周相差相等。如果为单色光,当周相差($\Delta\theta$)为 $2n\pi(n=0,1,2,3,\cdots)$ 时,干涉增强,振幅增大,亮度加强;当 $\Delta\theta=(2n+1)\pi$ 时,干涉减弱,振幅相抵,亮度变暗。

　　周相差可用光程差(R)来表示,其关系式是 $\Delta\theta=(R/\lambda)\cdot2\pi$。光的干涉也可用光程差来表述。据关系式 $\Delta\theta=(R/\lambda)\cdot2\pi$,$\Delta\theta=2n\pi$ 相当于 $R=2n\cdot(\lambda/2)$,$\Delta\theta=(2n+1)\pi$ 与 $R=(2n+1)\cdot(\lambda/2)$ 等价。所以光的干涉可表述为:当两相干波的光程差为半波长的偶数倍时,干涉结果是合振动加强;当光程差为半波长的奇数倍时,干涉结果是合振动减弱。

2. 正交偏光镜下通过矿片的光波产生干涉现象的条件

　　如图 5-2 所示,透出下偏光镜振幅为 A_0 的偏光(简称 A_0 偏光或偏光 A_0,其他类同),进入光率体椭圆半径(N_1,N_2)与 PP,AA 斜交的非均质体矿物切面时,发生双折射,分解形成振动方向分别平行 N_1,N_2 方向的偏光 A_1 和 A_2。由于 $N_1>N_2$,A_1 为慢光(在晶体中的传播速度慢),后透出矿片,A_2 为快光(在晶体中的传播速度快),先透出矿片,即透出矿片后,两平面偏光必然产生光程差(R)。又由于 A_1,A_2 两束偏光在空气中的传播速度相同,因此透出矿片后其 R 是固定不变的。

　　A_1,A_2 两束偏光的振动方向与 AA 斜交,不能全部透出上偏光镜,只有振动方向平行 AA 的两个分量 A_{11},A_{21} 才能透出上偏光镜,振动方向垂直 AA 的两个分量 A_{12} 和 A_{22} 不能透出上偏光镜。

　　透出上偏光镜的两束偏光 A_{11} 和 A_{21} 是由同一束偏光 A_0 经两次矢量分解而成的,其频率必然相同;它们分别是 A_1 和 A_2 的分振动,也必然像 A_1 和 A_2 一样具有固定的光程差;而且它们都沿 AA 这同一方向振动。因此,它们满足相干波的三个必备条件,必然发生干涉作用。

3. 正交偏光镜下矿片的干涉现象

由图 5-2 可知,偏光 A_{11},A_{21} 的初始位相 (θ)就相差 π,因此其干涉加强的条件是 $\Delta\theta = (R/\lambda) \cdot 2\pi + \pi = 2n\pi$,即 $R = (2n-1) \cdot (\lambda/2)$,其干涉减弱的条件是 $\Delta\theta = (R/\lambda) \cdot 2\pi + \pi = (2n+1)\pi$,即 $R = 2n \cdot (\lambda/2)$。由上可知,正交偏光镜下两相干波,当光程差为半波长的奇数倍时相干涉而加强,光程差为半波长的偶数倍时相干涉而减弱。

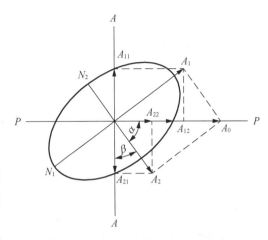

图 5-2 正交偏光镜间偏光矢量分解

从图 5-2 还可以看出,A_{11},A_{21} 的振幅大小跟光率体椭圆半径与 PP 的夹角有关:

$$\begin{cases} A_1 = A_0 \sin\alpha \\ A_2 = A_0 \cos\alpha \end{cases} \tag{5-1}$$

$$\begin{cases} A_{11} = A_1 \cos\alpha = A_0 \sin\alpha \cdot \cos\alpha \\ A_{21} = A_2 \sin\alpha = A_0 \sin\alpha \cdot \cos\alpha \end{cases} \tag{5-2}$$

由以上公式可以看出:

(1) A_{11} 和 A_{21} 两束偏光的振幅大小决定于 $\sin\alpha \cdot \cos\alpha$ 值:当 α 由 $0°$ 变到 $45°$ 时,$\sin\alpha \cdot \cos\alpha$ 值由 0 变到 0.5;当 α 由 $45°$ 变到 $90°$ 时,$\sin\alpha \cdot \cos\alpha$ 值由 0.5 变到 0;当 $\alpha = 45°$ 时,$\sin\alpha \cdot \cos\alpha$ 值最大(0.5),即 A_{11},A_{21} 两束偏光的振幅最大,干涉加强时,合振动最强,矿片最亮。因此,观察干涉色时要使切面光率体椭圆半径与 PP 相交成 $45°$($45°$ 位)。根据干涉色升降(补色法则)确定光率体椭圆半径名称时需要用试板,因此试板孔的方向也要设置在与 PP 成 $45°$ 交角方向上。

(2) 当 $\alpha = 0°$ 或 $90°$ 时,即光率体椭圆半径分别与 PP,AA 一致时,$\sin\alpha \cdot \cos\alpha$ 值为零,即 A_{11},A_{21} 两束偏光的振幅为零,没有光波透出上偏光镜,矿片黑暗而消光。

(3) 当 α 为 $0°$ 至 $90°$ 之间的任何角度,A_{11} 和 A_{21} 两束偏光的振幅是相等的。当两光波因干涉而加强时,合振幅是两分振幅之和,振幅增加一倍;当两光波因干涉而减弱时,两分振幅互相抵消,合振幅为零。因此,$0°$ 至 $90°$ 之间的任何角度,矿片干涉色色彩是一样的,只是干涉色明亮程度不同而已。

决定 A_{11},A_{21} 两束偏光相干涉后是加强还是抵消的重要因素是光程差,现在看看影响光程差的因素有哪些。

设偏光 A_1,A_2 在晶体中的传播速度分别为 V_1,V_2,它们通过厚度为 d 的薄片所用的时间分别为 t_1,t_2,则

$$\begin{cases} t_1 = d/V_1 \\ t_2 = d/V_2 \end{cases} \tag{5-3}$$

A_2 为快光,先透出矿片;A_1 为慢光,后透出矿片,两束偏光透出矿片后产生的时间差为 (t_1-t_2)。透出矿片存在时间差的两束偏光在空气中传播必然产生距离差。光束 c 与 (t_1-t_2) 的乘积即这两束偏光在真空中传播的光程差 R。

$$
\begin{aligned}
R &= c(t_1-t_2) \\
&= (c/V_1) \cdot d - (c/V_2) \cdot d \\
&= (N_1 - N_2) \cdot d \\
&= \Delta N \cdot d
\end{aligned} \tag{5-4}
$$

由此可见,矿物切面产生的光程差 R 大小取决于矿物切面的双折射率 ΔN 和切片厚度 d,切面双折射率和切片厚度大,其产生的光程差大。切面双折射率 ΔN 值取决于矿物的最大双折射率和切面方位。同一方位的切面,最大双折射率大的矿物,其双折射率大。同一矿物,二轴晶平行 OAP 或一轴晶平行 OA 的切面,其双折射率最大,为 $\Delta N_{最大}$;垂直 OA 切面双折射率最小,为零;即 $\Delta N_{最大} > \Delta N > 0$。

偏光 A_1,A_2 在晶体中传播的距离差与光程差接近,在进入上偏光之前都是恒定的。

五、干涉色及正常干涉色级序

1. 单色光的干涉

为了获得不同的光程差尺以观察干涉现象,常利用显微镜的重要附件石英楔。平行石英(水晶)OA(c 轴)方向切下一薄片,磨制成一端薄、一端厚的楔形(坡度约 $0.5°$)矿片,其长边为 N_o 方向,短边为 N_e(OA)方向[图 5-3(a)],然后将该矿片镶入特制的金属框中,即成为石英楔[图 5-3(b)]。

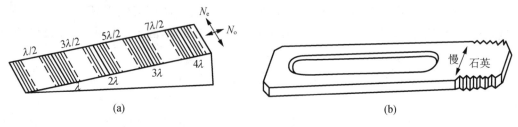

图 5-3　石英楔

石英的双折射率色散很弱,其 N_e,N_o 的色散线近于平行(图 5-4)。石英对红光、黄光、蓝光的双折射率分别为 $0.009\,03$,$0.009\,11$,$0.009\,30$,差值很小,因此,石英楔对各单色光的双折射率可视作常数(0.009)。石英楔的厚度 d 是由薄至厚逐渐增大的,其光程差 $R = d(N_e - N_o)$ 也是连续增大的。

如果用单色光作光源,沿试板孔徐徐推入石英楔,就见到明暗相间的干涉条带依次出现。当 $R = 0\lambda$,1λ,2λ,$\cdots$,$2n(\lambda/2)$ 处,呈现暗带;当 $R = \lambda/2$,$3\lambda/2$,$5\lambda/2$,$\cdots$,$(2n+1)(\lambda/2)$ 处,呈现亮带;最亮与最暗之间,色调逐渐过渡。如:用黄光作光源,会见到"暗、黄、暗、黄……"的条带相间出现;用红光作光源,会见到"暗、红、暗、红……"的条带相间出现。由于

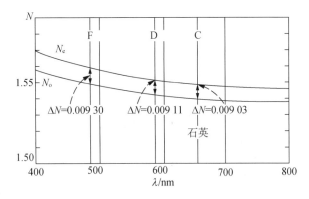

图 5-4　石英的色散线

(C,D,F 分别代表红、黄、蓝光)

红光波长较大,紫光波长较短,红光作光源出现的明暗条带相对较稀,紫光作光源出现的明暗条带相对较密。

2. 白光的干涉及干涉色

用白光作光源,沿试板孔徐徐推入石英楔,出现的不是明暗条带,而是有一定规律的彩色色带。

白光主要由 7 种不同波长的色光组成,除光程差 $R=0$ 外,任何一个光程差值都不可能同时是各色光半波长的偶数倍或奇数倍,也就是说,不可能使 7 种色光同时抵消,也不可能使 7 种色光同时加强。某一个光程差,它可能等于或接近等于一部分色光半波长的偶数倍,使这部分色光抵消或减弱;同时该光程差又可能等于或接近等于另一部分色光半波长的奇数倍,使这部分色光振幅加倍或部分加强。这些未被抵消(部分色光振幅加倍或振幅被不同程度加强)的色光混合而形成的色彩,就称为干涉色。干涉色和颜色在许多方面都不同:①干涉色是光波的干涉作用造成的;而颜色是由于矿物的选择性吸收作用造成的。②干涉色是干涉作用中未被抵消的单色光的混合色,其中一部分色光的振幅被加强一倍或被部分加强,不完全是被抵消色光的补色;而颜色是白光中一部分色光被吸收后剩下的色光混合而成的,是被吸收色光的补色,剩下色光的振幅并没有被加强。③干涉色是反映矿片光程差的大小;而颜色是反映矿物对光波选择性吸收的不同。④干涉色是正交偏光镜下矿片呈现的色彩,旋转物台,干涉色亮度发生变化,但色彩不发生变化;而颜色是单偏光镜下矿片呈现的色彩,旋转物台,除个别切面外,颜色的深浅和色彩都发生变化。

3. 正常干涉色的色序和级序

用白光作光源,沿试板孔徐徐推入石英楔,随着光程差 R 的逐渐增大,视域中依次出现干涉色条带,构成干涉色谱系(见附录二图Ⅲ)。在该谱系中,不仅干涉色色彩有严格的顺序,而且根据色序的规律性,还可把它们分成若干个等级(图 5-5)。

当 R 在 100～150 nm 以下时,各色光不同程度地减弱,呈现不同程度的灰色,由暗色到蓝灰色;当 $R=200～250$ nm 时,接近各色光的半波长,各色光都不同程度地加强,混合而成白色;当 $R=300～350$ nm 时,黄光最强,红、橙光较强,紫、青光微弱,混合色为浅(亮)黄色;当 $R=400～450$ nm 时,青、紫光近于抵消,蓝、绿光微弱,红、黄光较强,混合色为橙色;当

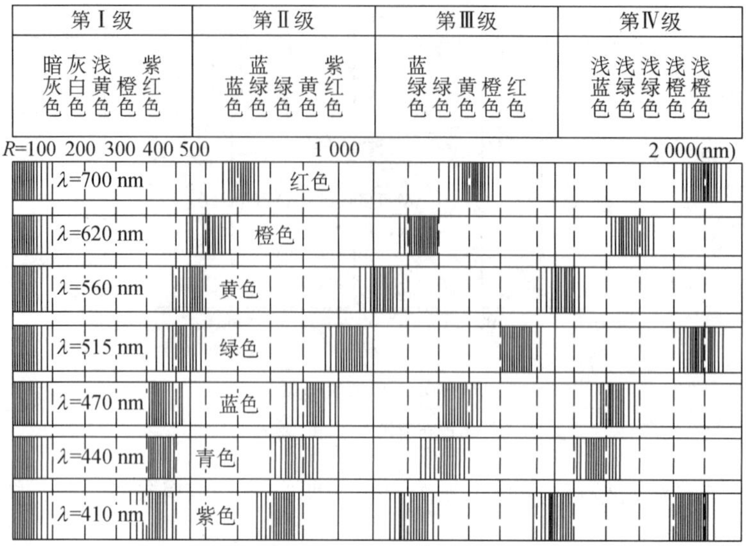

图 5-5　干涉色成因及干涉色级序

$R = 550$ nm±时，黄、绿光抵消，橙光近于抵消，紫、青、蓝、红光混合而成紫红色；当 $R =$ $560 \sim 660$ nm 时，紫、青、蓝光较强，其余色光较弱，混合而成紫到深蓝的干涉色；当 $R =$ $660 \sim 810$ nm 时，绿光最强，其余色光较弱，呈现绿色；当 $R = 850 \sim 950$ nm，呈现黄橙色；当 $R = 1\,000 \sim 1\,120$ nm 时，又呈现紫红色……这样，干涉色出现的顺序为暗灰、灰白、浅黄、橙、紫红、蓝、蓝绿、绿、黄、橙、紫红、蓝绿、绿、黄、橙、红、浅蓝、浅绿……（图 5-5），构成一个干涉色谱系。该谱系中干涉色色彩排列的顺序称为干涉色的色序。相邻两干涉色的改变称为一个色序的改变。增加 140 nm 的光程差，可以使干涉色升高一个色序；减少 140 nm 的光程差，可以降低一个干涉色序。在上述干涉色谱系中，以紫红色为界可以将干涉色分成若干个等级：第一次紫红色以下的干涉色构成第Ⅰ级（光程差 550 nm）；第一次紫红色之后的蓝色开始到第二次紫红为止为第Ⅱ级（光程差 1 100 nm）；第二次紫红之后的蓝色开始到第三次紫红为止为第Ⅲ级（光程差 1 650 nm）。干涉色第Ⅰ级、第Ⅱ级、第Ⅲ级的这种排列顺序称为干涉色的级序。

各级干涉色有不同的特点。第Ⅰ级：色调灰暗，有独特的灰色、灰白色，缺少蓝色、绿色，也就是说，灰色、灰白色干涉色一定属于第Ⅰ级，而蓝色、绿色干涉色一定不是第Ⅰ级的。第Ⅱ级：色调鲜艳、较纯，各色带之间的界线较清晰，蓝色带宽，使后面与绿色带的过渡带变为蓝绿色。第Ⅲ级：色调浅淡，各色带之间的界线不清晰，绿色带宽，影响到前面的蓝色带，使蓝色带变为蓝绿色，并使后面的黄色变为黄绿色。第Ⅳ级：色调更淡，色泽不纯，色带之间的界线模糊，色彩的种类也没有第Ⅱ、Ⅲ级那样齐全。第Ⅴ级以上的干涉色称为高级白色，因为光程差很大，几乎同时接近各色光半波长的奇数倍，又同时接近各色光半波长的偶数倍，各色光都有不同程度的出现，混合而成"白色"。但这种白色不像一级灰白那样纯净，而总是不同程度地带有珍珠表面或贝壳表面那样的晕彩。因此也有人将高级白色称为珍珠白色。大部分非均质造岩矿物和宝石，其干涉色都在第Ⅲ级以下，只有少数者为高级白色。

干涉色的表述和记录要采用"×级××色"的形式,为了简便起见,"色"字可以省略。如Ⅰ级黄、Ⅰ级橙、Ⅱ级蓝、Ⅲ级紫红等,尽量不用"蓝色""橙色"等形式,以免与颜色混淆。一级干涉色通常由五个色序组成,开始两个色序可称为"底部"或"低部"干涉色,最后两个可称为"顶部"或"高部"干涉色,中间一个称为"中部"干涉色。

4. 干涉色色谱表

(1) 干涉色色谱表的构成。

干涉色色谱表是光程差公式 $R = \Delta N \cdot d$ 的图示形式,是表示干涉色级序、双折射率和矿片厚度之间关系的图表(图5-6)。

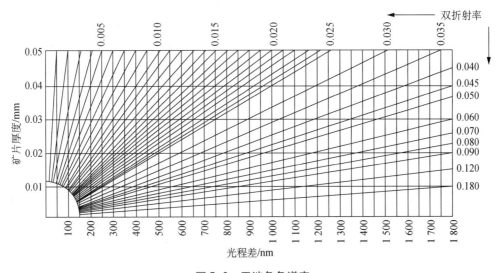

图 5-6　干涉色色谱表

干涉色色谱表的横坐标为光程差,若为彩色图,可在光程差的位置上填上对应的干涉色(见附录二图Ⅰ);纵坐标为矿片厚度;斜线表示双折射率,其数值标于发散端的端点。已知光程差(或干涉色级序)、双折射率、矿片厚度三者之中任何两个数据,利用干涉色色谱表,可求出第三个数据。

(2) 干涉色色谱表的用途。

干涉色色谱表的第一个主要用途是测出矿物的最高干涉色后,利用该表查出矿物的最大双折射率。如:在标准厚度($d=0.03$ mm)的薄片中测得某橄榄石的最高干涉色为Ⅱ级紫红,相当于光程差为 1 100 nm,从干涉色色谱表上查得,$R=1\ 100$ nm 和 $d=0.03$ mm 两条直线交点的斜线对应的数值(标在上边框和右边框上)为 0.037,即该矿物的最大双折射率为 0.037。再查有关光性矿物图表,可得知该橄榄石为镁橄榄石。

干涉色色谱表的第二个主要用途是根据已知矿物的双折射率和干涉色,控制薄片的厚度。例如,已知石英的最大双折射率为 0.009,从干涉色色谱表中可知,当 $\Delta N = 0.009$,$d=0.03$ mm 时,干涉色应为Ⅰ级黄白。因此,磨片时,如果薄片中大部分石英切面的干涉色都低于Ⅰ级黄白,只有极少数切面干涉色为Ⅰ级黄白,且没有高于Ⅰ级黄白的切面,则表示矿片厚度为 0.03 mm。如果薄片中干涉色为Ⅰ级黄白的石英切面很多,最高干涉色可达Ⅰ级橙黄,表明薄片厚度约 0.045 mm,应再磨薄一些。

5. 异常干涉色及其观察要点

在正交偏光镜下,有些矿物呈现前述正常干涉色级序中没有的干涉色,这类干涉色称为异常干涉色。例如,绿泥石的Ⅰ级柏林蓝、Ⅰ级铁锈褐、Ⅰ级古铜红,红柱石的Ⅰ级墨水蓝,黝帘石的Ⅰ级靛蓝、Ⅰ级铁褐、Ⅰ级古铜红,黄长石的Ⅰ级蓝,硬绿泥石的Ⅰ级灰绿、Ⅰ级古铜红,符山石的Ⅰ级铁锈褐,水镁石的Ⅰ级红褐等。

产生异常干涉色的最主要原因是这些矿物的双折射率色散较强,矿物对白光中各色光的双折射率有明显的差异,对不同的色光产生不同的光程差。正常干涉色是各色光光程差相同的条件下干涉结果的叠加,而异常干涉色是各色光光程差明显不同时干涉结果的叠加。

双折射率色散的第一种类型是对红光双折射率小,对紫光双折射率大,因而在薄片厚度相同时,对红光产生的光程差小,对紫光产生的光程差大。当各色光光程差均较小时,干涉结果是红、橙、黄光较弱,而紫、青、蓝光较强,各色光混合而成蓝、绿色调。如Ⅰ级柏林蓝、Ⅰ级墨水蓝、Ⅰ级灰绿等[图 5-7(a)]。

双折射率色散的第二种类型是对红光双折射率大,对紫光双折射率小,因而在薄片厚度相同时,对红光产生的光程差大,对紫光产生的光程差小。当各色光光程差均不大时,干涉结果是红、橙光较强,紫、青、蓝光较强,各色光混合而成带红色调的异常干涉色。如Ⅰ级古铜红、Ⅰ级铁锈褐等[图 5-7(b)]。

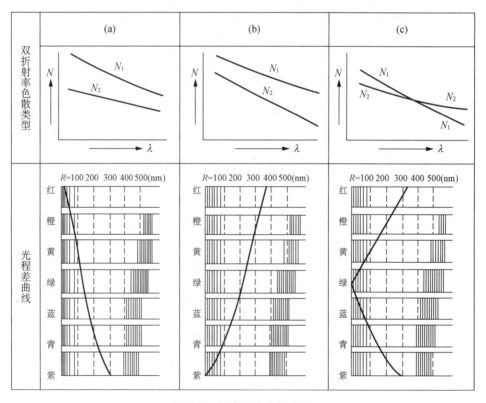

图 5-7 异常干涉色的成因

双折射率色散的第三种类型是交叉色散型,对中等波长的色光(如绿光)双折射率为零,而对两端的红光、紫光双折射率都较大。在薄片厚度相同时,对黄、绿光产生的光程差近于零,对红、紫光产生的光程差大。干涉结果,使黄、绿光抵消,红、紫光加强,出现带不同程度紫红色调的异常干涉色[图5-7(c)]。

双折射率色散较强的矿物,虽然会出现异常干涉色,但不一定每个切面上都能观察得到。双折射率色散最强的切面是一轴晶平行 OA 切面和二轴晶平行 OAP 切面,但这两种切面的干涉色最高,如果干涉色高于Ⅰ级黄,干涉色稍微发生异常难以观察出来。只有双折射率色散强、最高干涉色又不高于Ⅰ级黄色的矿物才能够显示异常干涉色。如绿泥石、红柱石、黝帘石、黄长石、符山石,它们的双折射率色散强,最高干涉色为Ⅰ级灰～Ⅰ级黄白,经常显示异常干涉色。双折射率色散强、最高干涉色较高的矿物,则只有在干涉色较低的切面上显示异常干涉色。如绿帘石、硬绿泥石、水镁石的双折射率色散较强,但它们的最高干涉色都高于Ⅰ级黄,则这些矿物不是在所有的切面上都能见到异常干涉色,只有在干涉色低于Ⅰ级黄色的切面上才能见到异常干涉色。在垂直 OA 切面上,虽然干涉色很低,但双折射率色散也很小,不产生明显异常干涉色,干涉色仍为正常的Ⅰ级灰黑色。

矿物的颜色较深,会掩盖干涉色和异常干涉色,异常干涉色难以显示出来。如角闪石、黑云母也有异常干涉色,但它们的颜色深,异常干涉色被掩盖而显示不出来。

异常干涉色是某些矿物很重要的鉴定特征之一。

六、补色法则和补色器

1. 补色法则

设一非均质体斜交 OA 的切面,其光率体椭圆半径分别为 N_g^1 和 N_p^1,厚度为 d_1,产生的光程差为 R_1,设另一非均质体斜交 OA 的切面,其光率体椭圆半径分别为 N_g^2 和 N_p^2,厚度为 d_2,产生的光程差为 R_2,将两矿片在正交偏光镜下(光率体椭圆半径与 PP 斜交,一般在45°位)重叠:若 $N_g^1 /\!/ N_g^2$,$N_p^1 /\!/ N_p^2$,则光波通过两矿片后,总光程差 $R=R_1+R_2$,R 比 R_1 或 R_2 都大,表现为干涉色升高(比两个矿片原来各自的干涉色都高)[图5-8(a)];若 $N_g^1 /\!/ N_p^2$,$N_g^2 /\!/ N_p^1$,总光程差 $R=|R_1-R_2|$,R 小于 R_1,R_2 中的较大者(但不一定小于较小者),表现为干涉色降低(比原来光程差较大的矿片的干涉色低,但不一定比原来光程差较小的矿片的干涉色低)[图5-8(b)]。

由此可见,两非均质体斜交 OA 的切面,在正交镜下45°位重叠:若其光率体椭圆同名半径平行,总光程差等于两矿片光程差之和,表现为干涉色升高;若异名半径平行,总光程差等于两矿片光程差之差,表现为光程差较大的切片的干涉色降低。这就是补色法则。

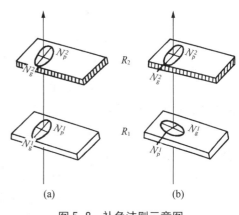

图5-8　补色法则示意图

在上例中，若 $R_1 = R_2$，则当光率体椭圆异名半径平行时，总光程差 $R = 0$，矿片黑暗，这种现象称为消色。消色和消光虽然都是表现为黑暗，但它们的成因不同。消光是由于矿片光率体椭圆半径与 PP 一致，没有光透出上偏光镜而使矿片呈现黑暗；而消色是由于两矿片产生的干涉色正好抵消而使矿片呈现黑暗。消光说明矿片光率体椭圆半径与 PP，AA 一致；消色说明两矿片光程差相等，而且它们的光率体椭圆异名半径平行。

若有一个矿片的光率体椭圆半径的方位、名称及其光程差已知，就可以根据补色法则确定另一个未知矿物切面的光率体椭圆半径方位、名称和光程差。把这种已知光率体椭圆半径方位、名称和光程差的矿片用特制的金属框架镶嵌起来，称之为补色器。

2. 几种常用的补色器

补色器又称试板、检板、补偿器和消色器。最常用的补色器有云母试板、石膏试板和石英楔，它们是偏光显微镜的重要附件。

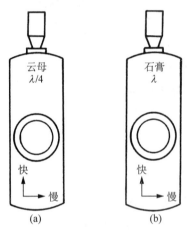

图 5-9　云母试板和石膏试板

（1）云母试板。

云母试板[图 5-9(a)]以前多用白云母片制成，故名之，但现在多用水晶晶片制成。不同时代生产的试板，其光率体椭圆半径有不同的标记，如长半径标记为 N_g、慢光、γ 等，短半径标记为 N_p、快光、α 等。但一般情况下，试板的长边为短半径方向，其短边为长半径方向（下同）。

云母试板的光程差为 147 nm，相当于黄光的四分之一波长，又称 $\lambda/4$ 试板。云母试板在正交偏光镜下云母试板呈现出 I 级亮灰干涉色。矿片位于 45°位时，从试板孔中加入云母试板可使矿片干涉色改变一个色序；若二者同名半径平行，升高一个色序；若二者异名半径平行，降低一个色序。例如，矿片干涉色为 II 级黄，加入云母试板后，升高一个色序变为 II 级紫红，降低一个色序变为 II 级绿。云母试板多用于干涉色为 II 级黄以上的矿片观察，因为这类矿片在加入云母试板后，干涉色的升高与降低在色彩上差别明显，容易区别。

（2）石膏试板。

石膏试板[图 5-9(b)]以前多用透石膏晶片制成，故名之，现在多用水晶晶片制作，但仍习惯按原名称呼。早先制作的石膏试板的光程差为 550 nm，与汞绿光波长（546 nm）相近，又称为 1λ 试板。现今制作的石膏试板光程差也有 530 nm 左右者。石膏试板在正交偏光镜下呈现 I 级紫红干涉色，加入石膏试板可以使矿片干涉色升高或降低一个级序。

石膏试板适用于干涉色为 II 级黄以下的矿片，因为干涉色为 II 级黄以上的矿片加入石膏试板后，干涉色的升降难以判别，而干涉色为 II 级黄以下的矿片加入石膏试板后，干涉色的升高和降低在色彩上相差明显，容易判别。例如，干涉色为 II 级黄的矿片加入石膏试板后：同名半径平行，干涉色升高变为 III 级黄；异名半径平行，干涉色降低变为 I 级黄；两个方向都是黄色彩，难以判定哪个方向是干涉色升高了，哪个方向是降低了。若矿片的干涉色为 II 级蓝，加入石膏试板后，干涉色升高变为 III 级黄绿，降低变为 I 级灰。又如干涉色为 I 级紫红的矿片加入石膏试板后,干涉色升高变为Ⅱ级紫红,降低变为Ⅰ级暗灰(消色)。这样,两个方向的干涉色色彩差别明显,很容易判定哪个方向是干涉色升高,哪个方向是干涉色降低。

上述两种试板的使用范围,只是对初学者的建议。实际操作时,应该是哪种试板易于判别干涉色的升降就用哪种试板。无论使用哪种试板,判别结果应该是相同的。

有趣的是,当矿片光程差 $R<250$ nm(对应干涉色为Ⅰ级黄白)时,加入石膏试板后,当异名半径平行时,对应总光程差($R=550$ nm-250 nm$=300$ nm)的干涉色(Ⅰ级黄)相对于矿片的原干涉色不是降低,而是升高了,这对初学者是难以理解的。例如,干涉色为Ⅰ级灰白的矿片,其光程差为 150 nm,加入石膏试板后:当同名半径平行时,总光程差 $R=$ 150 nm$+550$ nm$=700$ nm,对应总光程差的干涉色为Ⅱ级蓝绿,相对于试板和矿片的干涉色都是升高了;当异名半径平行时,总光程差 $R=550$ nm-150 nm$=400$ nm,对应总光程差的干涉色为Ⅰ级橙,相对于试板的原干涉色Ⅰ级紫红是降低了,但相对于矿片原干涉色Ⅰ级灰白却是升高了。因此,补色法则中"干涉色降低"是指光程差较大的矿片的干涉色降低,强调干涉色的总效应与总光程差减小的对应性。

干涉色Ⅰ级灰白的矿片,加入石膏试板后,干涉色升高变为(Ⅱ级)蓝绿,干涉色降低变为(Ⅰ级)橙黄,这一判别法则在以后借助干涉色判别矿物光性符号和确定石英、斜长石、钾长石等矿物的光率体椭圆半径名称时经常应用,初学者应熟记之。

干涉色为高级白的矿片,加入石膏试板后:光率体椭圆同名半径平行,干涉色升高一级仍为高级白;异名半径平行,干涉色降低一级也仍为高级白;两个方向都是高级白,肉眼觉察不出有什么变化,这就是高级白干涉色的重要特征,凭借它可与Ⅰ级白相区别。

(3) 石英楔。

石英楔的结构和制作如前所述(图 5-3)。石英楔可连续产生 0～1 680 nm 的光程差,有的可达 2 240 nm,对应的干涉色为Ⅰ级灰至Ⅲ级紫红,有的可达Ⅳ级浅橙红。非均质体斜交 OA 切面位于正交偏光镜下 45°位,石英楔从试板孔缓缓插入,干涉色会连续变化:当同名半径平行时,以矿片原干涉色为起始干涉色,按干涉色级序依次升高;异名半径平行时,以矿片原干涉色为起始干涉色,按干涉色级序依次降低,直至矿片黑暗(消色),然后又依次升高。如果矿片有楔形边,在矿片主体表面干涉色升高的同时,矿片边缘的色圈向外扩散,干涉色降低时,色圈向内消失。干涉色的变化和色圈的移动给人一种动感,很容易判定干涉色是升高还是降低。

七、实验内容

(1) 在正交偏光镜下,将石英楔由薄到厚从试板中缓慢插入,观察和记录干涉色的变化顺序,并划分出干涉色级序。

_____、_____、_____、_____、_____、_____、_____、_____、_____、_____、_____、_____。可见红带出现_____次。

(2) 在纯橄榄石薄片中用边缘色带法测定橄榄石的干涉色级序。在橄榄石薄片中橄榄石边缘最多可见_____条红带,橄榄石中央为_____色,表明橄榄石具_____级

_____色的干涉色。当已知切片厚度为 0.03 mm 时,查干涉色色谱表,光程差 R 为_____,橄榄石的双折率为_____。

(3) 用石英楔法测定纯橄榄岩薄片中橄榄石的最高干涉色级序。从试板孔缓慢插入石英楔,让橄榄石和石英楔异名轴平行,使干涉色色序逐渐降低,直到被测颗粒呈现黑色(注意,并不一定是整个晶体黑,往往是晶体的某一部分出现灰黑或灰色带),然后再缓慢抽出石英楔,干涉色色序由灰黑起逐渐升高,注意红色出现的次数 n,橄榄石干涉色级序＝$n+1$。如果插入石英楔后干涉色色序逐渐升高,则需转 90°后再重复上述步骤。

用上述方法测定橄榄石的最高干涉色为_____级_____色,已知薄片厚度为 0.03 mm,从干涉色色谱表求得橄榄石的双折射率为_____。

(4) 观察石英平行光轴薄片的最高干涉色为_____级_____色,已知石英双折射率为 0.009,从干涉色色谱表上求得矿片的光程差 R 为_____,则矿片厚度为_____ mm。

(5) 在花岗闪长岩薄片中观察角闪石最高干涉色为_____级_____色,已知薄片厚 0.03 mm,角闪石的双折射率为_____。

(6) 在方解石斜交光轴薄片中观察方解石的干涉色,用石英楔试板测方解石的干涉色级序。方解石为_____干涉色。用石英楔试板测试的结果是:_____。

八、作业题

(1) 为什么非均质矿物的垂直光轴切片在正交偏光镜下呈现全消光,而它任何方向的切片则呈现四次消光现象?

(2) 干涉色是不是矿物本身的颜色? 单偏光下能否观察到干涉色?

(3) 同一薄片中同种矿物不同方向的切片干涉色为何不同? 哪个方向切片的干涉色最高。

(4) 什么是"高级白"干涉色?

正交偏光镜下晶体光学现象（二）

一、实验的目的与要求

（1）学会使用石膏试板和云母试板来判断矿物干涉色的升降变化及光率体椭圆半径方向名称的测定；

（2）掌握消光类型、消光角及延性符号的测定方法；

（3）观察各种双晶类型。

二、非均质体斜交 *OA* 切面光率体椭圆半径方位和名称的测定

光率体椭圆半径的方位是指光率体椭圆半径与矿物结晶轴、晶面、解理纹、双晶纹等结晶方向之间的关系，可用光率体椭圆半径与上述结晶方向成多少交角来描述和记录，其测定和记录将在消光角测定一节中再作介绍。这里所指的方位，是指光率体椭圆半径的位置。它与十字丝是什么关系？光率体椭圆半径的名称指 N_o、N_e、N'_e、N_g、N_m、N_p、N'_g、N'_p 等。要具体确定半径是 N_o 还是 N_e，是 N_g、N_m 还是 N_p 等，需要知道矿物的轴性、光性符号、切面方位，这要在锥偏光镜下才能确定，这方面内容将在实验七中介绍。这里所说的半径名称是指它是长半径还是短半径。

非均质体矿物许多光学性质的测定和描述，都需要确定光率体椭圆半径的方位和名称。其确定的步骤如下。

（1）将选好的矿片移至视域中心，转物台使矿片消光。此时矿片光率体椭圆半径的方向与目镜十字丝方向一致[图 6-1(a)]。

（2）转物台 45°，矿片干涉色最亮。此时矿片光率体椭圆半径方向与十字丝成 45°交角，即与将插入的试板光率体椭圆半径的方向一致[图 6-1(b)]。

（3）插入试板，确定干涉色是升高还是降低。若干涉色降低，说明矿片与试板光率体椭圆异名半径平行：平行试板长边方向的矿片光率体椭圆半径为长半径，另一方向为短半径[图 6-1(c)]。

（4）插入试板后，若干涉色升高，说明矿片与试板光率体椭圆同名半径平行：平行试板长边方向的矿片光率体椭圆半径为短半径，另一方向为长半径[图 6-1(d)]。

测定光率体椭圆半径的名称，关键在于干涉色升降判定要正确。为了保证判断准确，需注意以下几点：①选择合适的试板，干涉色Ⅱ级黄以下选用石膏试板，Ⅱ级黄以上选用云母试板，Ⅲ级以上选用石英楔；②用一种试板难以准确判断时，可以轮换用多种试板，多种试板的判定结果应该是一致的；③可以从消光位顺转物台 45°和反转物台 45°的两个位置上先后

进行观察,互相验证,如果一个位置上干涉色是升高的,那么另一个位置上干涉色应是降低的。测定完毕后,从试板孔中抽出试板。

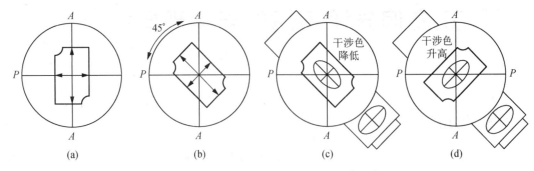

图 6-1　光率体椭圆半径方位和名称测定示意图

三、矿物最高干涉色和最大双折射率的测定

正交偏光镜下的非均质体斜交 OA 切面,当光率体椭圆半径与 PP,AA 斜交时,呈现干涉色,干涉色的高低取决于光程差值的大小。由光程差公式 $R = \Delta N \cdot d$ 可知:①不仅不同的矿物有不同的干涉色,而且同种矿物的不同切面也有不同的干涉色;②不同矿物的不同切面,只要 R 相同,它们的干涉色就会相同。因此,任意切面的干涉色一般不具有鉴别意义,只有最大双折射率和对应的最高干涉色才是矿物的鉴定特征。非均质体矿物许多光学性质的测定,要在一轴晶平行 OA 和二轴晶平行 OAP 切面上进行。这类切面的重要特征之一是正交偏光镜下干涉色最高(即矿物的最高干涉色)。因此,测定矿物的最高干涉色和最大双折射率在透明造岩矿物的鉴定中尤显重要。常用的测定方法如下。

1. 楔形边法

由于矿物晶形的多面体性和矿物在岩石中的不定向性,薄片中的矿物切片边缘一般都呈坡度不等的楔形,至少某一段会呈楔形。具楔形边的部位,从边缘向中心,厚度由零连续增大到薄片的厚度(0.03 mm),对应的干涉色从Ⅰ级暗灰连续升高到切面主体具有的干涉色。如果切面周边都呈楔形,矿物颗粒周边的干涉色呈圈层状分布(图 6-2,见附录二图Ⅳ-1)。

如果楔形边只有矿物切面边缘的某一段明显,则干涉色只在该段呈明显的条带状。楔形坡度越缓,干涉色带宽度越大,越容易观察;楔形坡度越陡,干涉色带越窄,越难观察。

楔形边法测定矿物最高干涉色和最大双折射率的步骤如下。

(1)选择切面。一轴晶应为平行 OA 切面,二轴晶应为平行 OAP 切面,若为有色矿物,此类切面的多色性最明显。总的原则是:首先要选择边缘色圈较多者(起始干涉

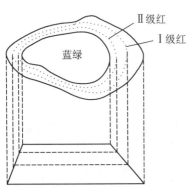

图 6-2　矿物楔形边缘及对应的
干涉色圈

色要在Ⅰ级白以下),其次要选择切面主体表面干涉色较高者。若矿物的族名、光性方位已知,自形度高,则切面形态、解理纹方向也可作为选切面的依据。

(2)将选定的切面移至视域中心,从消光位转物台45°,观察切面主体干涉色彩。图6-2中主体干涉色为蓝绿。

(3)选择切面边缘干涉色圈条带较宽(即楔形坡度较缓)的区段,查明其中红色条带的数量,若为 n 条,则干涉色级别为 $(n+1)$ 级。图6-2中矿物边缘具有两圈红干涉色,则矿片干涉色为Ⅲ级。当干涉色带较窄时,可用高倍物镜进行观察。

(4)干涉色的级数加上切面主体干涉色彩即为切面干涉色级序。图6-2中,该切面干涉色为Ⅲ级蓝绿。

(5)为了确保测定准确,重复步骤(1)~(4),多测几个切面,从中选取最高的干涉色作为矿物的最高干涉色。

(6)根据最高干涉色,查干涉色色谱表,求出矿物最大双折射率(一般情况下,取 $d=0.03$ nm,下同)。如对应Ⅲ级蓝绿的双折射率为0.038。

2. 石膏试板和云母试板法

加入石膏试板或云母试板后,矿片在+45°位(从消光位顺时针旋转物台45°)和-45°位(从消光位逆时针旋转物台45°)的干涉色在多数情况下会有明显的差别(表6-1),根据这种差别就可确定矿片干涉色级序。用石膏试板和云母试板测定矿片最高干涉色和最大双折射率的步骤如下。

表6-1　不同干涉色加试板后的变化情况

矿片干涉色		灰	Ⅰ级白	Ⅰ级浅黄	Ⅰ级橙	Ⅰ级紫红	Ⅱ级蓝	Ⅱ级蓝绿	Ⅱ级黄	Ⅱ级橙	Ⅱ级紫红	Ⅲ级蓝绿	Ⅲ级绿	Ⅲ级黄	Ⅲ级橙	Ⅲ级红
加石膏试板	升高	蓝	蓝绿	绿	黄	紫红	蓝绿	绿	黄	橙	红	粉红	浅绿	浅绿	浅橙	浅橙
	降低	橙	浅黄	灰白	灰	暗灰	灰	灰白	浅黄	橙	紫红	蓝	蓝绿	黄	橙	紫红
加云母试板	升高	灰白	浅黄	橙	紫红	蓝	蓝绿	黄	橙	紫红	蓝绿	绿	黄	橙	红	粉红
	降低	暗灰	灰	灰白	浅黄	橙	紫红	蓝	蓝绿	绿	黄	紫红	蓝绿	绿	黄	橙

(1)选择切面。切面的种类及其特征如楔形边法中所述。

(2)将选好的切面移至视域中心,先后在+45°位和-45°位分别加入石膏试板和云母试板,观察矿片干涉色的升降变化,对照表6-1,确定矿片的干涉色级序。如某矿片主体干涉色为蓝色:加入石膏试板后,+45°位和-45°位的干涉色分别为蓝绿和灰,对照表6-1可知,该矿片原干涉色应为Ⅱ级蓝;加入云母试板后,+45°位和-45°位的干涉色分别为蓝绿和紫红,对照表6-1,该矿片原干涉色也应为Ⅱ级蓝。若两种试板判别结果一致,矿片干涉色测定结果正确。

(3)重复步骤(1),(2),观察多个切面,选取其中最高的干涉色作为矿物的最高干涉色。

(4)根据最高干涉色,查干涉色色谱表,求出矿物的最大双折射率。

3. 石英楔法

用石英楔测定矿物最高干涉色和最大双折射率的步骤如下。

（1）选择切面。对切面的要求和选择同楔形边法。

（2）将选好的切面移至视域中心，并转至 $+45°$ 位，记录矿物主体表面的干涉色彩。

（3）从试板孔中缓缓插入石英楔，观察干涉色的变化情况：若干涉色一直连续升高，矿片达不到消色位，表明矿片同试板光率体椭圆同名半径平行，必须改在 $-45°$ 位继续测定；若干涉色开始时逐渐降低，过了消色位后又逐渐升高，表明矿片与试板光率体椭圆异名半径平行，测定操作可继续往下进行。

（4）缓缓插入石英楔直至矿片消色，然后从消色位缓缓抽出石英楔，干涉色逐渐升高，直升至矿物主体表面原有的干涉色为止。在缓缓抽出石英楔的同时要注意记住紫红色出现的次数，若出现 n 次，则干涉色为 $(n+1)$ 级。

（5）干涉色级别 $(n+1)$ 级加上矿片主体表面的干涉色彩即为矿片的干涉色级序，记作"$(n+1)$ 级××色"。

（6）重复步骤（1）～（5），多测几个切面，选取干涉色级序的最高者，作为矿物的最高干涉色。

（7）用矿物的最高干涉色，查干涉色色谱表，求出矿物的最大双折射率。

四、矿物多色性公式和吸收性公式的测定

颜色是矿物的重要鉴定特征。对于有色的非均质体矿物，一定要测定其多色性公式和吸收性公式。多色性公式和吸收性公式的测定要在正交偏光镜下和单偏光镜下交替进行：在正交偏光镜下测定光率体椭圆半径的方位和名称，并使欲测的光率体椭圆半径方向与 PP 一致；在单偏光镜下观察欲测方向的颜色。一轴晶矿物要测定 N_e、N_o 的颜色，至少要选择一个切面进行测定。二轴晶矿物要测定 N_g，N_m，N_p 的颜色，至少要选择两个切面进行测定。二者的测定步骤各有差异，现分别简述如下。

1. 一轴晶矿物多色性公式和吸收性公式的测定

以黑色电气石（蓝碧玺，一轴负晶）为例，介绍其测定步骤如下。

（1）选择切面。选择平行 OA 切面，该切面光率体椭圆半径分别为 N_e，N_o。一轴晶平行 OA 切面的共同特征是：①单偏光镜下多色性变化最明显；②正交偏光镜下干涉色最高；③锥偏光镜下干涉图为闪图。对于黑色电气石，该切面的特征是：①切面形态为长方形或长条形；②单偏光镜下为浅紫色～深蓝色，是电气石所有切面中颜色色彩和深浅变化最明显的切面；③正交偏光镜下干涉色 Ⅱ～Ⅲ 级，是电气石所有切面中干涉色最高的切面；④锥偏光镜下为闪图。

（2）将选好的切面置于视域中心，按前所述测定切面光率体椭圆半径的方位和名称：正光性矿物，长半径为 N_e，短半径为 N_o；负光性矿物长半径为 N_o，短半径为 N_e。初学者在测定时最好作切面素描图，标明半径的方向和名称[图 6-3（a）]，以免测定过程中出错。

（3）使 $N_e /\!/ PP$（正交镜下消光），单偏光镜下观察矿片颜色，记录 N_e＝××色。图 6-3（b）中 N_e＝浅紫色。

（4）使 $N_o /\!/ PP$（即从 $N_e /\!/ PP$ 的位置上转物台 $90°$，正交偏光镜下消光），单偏光镜下观察矿片颜色，记录 $N_o = \times\times$ 色。图 6-3(c) 中 $N_o =$ 深蓝色。

（5）对比 N_o，N_e 颜色深浅程度，写出吸收性公式。如该例为 $N_o > N_e$。

这样，该例的多色性公式为 $N_e =$ 浅紫色，$N_o =$ 深蓝色；吸收性公式为 $N_o > N_e$。测定过程中，步骤(3)，(4)可以互换，即可先测 N_o 的颜色。

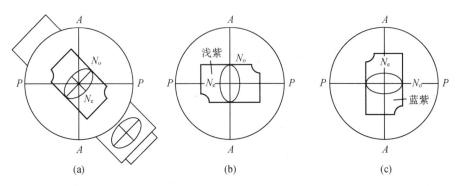

图 6-3　一轴晶矿物多色性公式和吸收性公式的测定

2. 二轴晶矿物多色性公式和吸收性公式的测定

二轴晶矿物多色性公式、吸收性公式的测定，至少要选择两个切面，比较通用和简便的做法是选择垂直 OA 和平行 OAP 两个切面。现以普通角闪石为例，说明其测定步骤如下。

（1）选择垂直 OA 切面，该切面为光率体的圆切面，半径为 N_m。二轴晶垂直 OA 切面的共同特征是：①单偏光镜下无多色性；②正交偏光镜下全消光；③锥偏光镜下为二轴晶垂直 OA 切面干涉图。对于普通角闪石，该切面的特征是：①形态为短长方形，见不到解理纹；②单偏光镜下为绿色，转物台时其颜色色彩和深浅不发生变化，若切面不是严格地垂直 OA，而是接近垂直 OA，则切面颜色色彩和深浅稍有变化，变化幅度极低；③正交偏光镜下全消光，若切面不是严格地垂直 OA，而是接近垂直 OA，则切面干涉色为 I 级灰，叠加颜色后为 I 级灰绿；④锥偏光镜下为二轴晶垂直 OA 切面的干涉图。

（2）将选择的垂直 OA 切面移至视域中心，单偏光镜下（任意方向）观察矿片颜色，记录 $N_m = \times\times$ 色。图 6-4(a) 中 $N_m =$ 绿色。

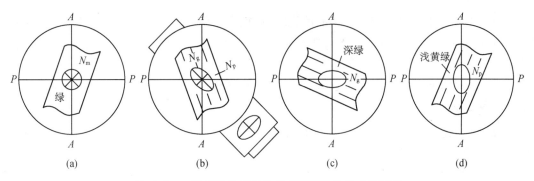

图 6-4　二轴晶矿物多色性公式和吸收性公式的测定

（3）选择平行 OAP 切面，该切面的光率体椭圆半径分别为 N_g，N_p。二轴晶有色矿物平行 OAP 切面的共同特征是：①单偏光镜下多色性、吸收性最明显；②正交偏光镜下干涉色最高；③锥偏光镜下干涉图为闪图。对于普通角闪石，该切面的特征是：①形态为规则或不规则长方形，见有较粗的、间距较宽的、不十分连续的、互相平行的一向解理纹；②单偏光镜下为浅黄绿色～深绿色，转物台时其颜色色彩和深浅变化最明显，是普通角闪石所有切面中颜色色彩和深浅变化最明显的切面；③正交偏光镜下干涉色为Ⅱ级蓝绿，是普通角闪石所有切面中干涉色最高的切面；④锥偏光镜下为闪图。

（4）将平行 OAP 切面移至视域中心，按前所述，测定切面光率体椭圆半径的方向和名称，并绘制切面形态素描图，标以光率体椭圆半径方位和名称［图 6-4(b)］。

（5）使 $N_g /\!/ PP$（正交偏光镜下消光），单偏光镜下观察矿片的颜色，记录 $N_g = \times \times$ 色。如普通角闪石，$N_g =$ 深绿色［图 6-4(c)］。

（6）使 $N_p /\!/ PP$（从 $N_g /\!/ PP$ 位转物台 $90°$，正交偏光镜下消光），单偏光镜下观察矿片的颜色，记录 $N_p = \times \times$ 色。如普通角闪石的 $N_p =$ 浅黄绿色［图 6-4(d)］。

（7）对比 N_g，N_m，N_p 颜色深浅程度，写出吸收性公式。如普通角闪石的吸收性公式为 $N_g > N_m > N_p$。

这样，二轴晶矿物的多色性公式和吸收性公式全部测出。测定步骤中，步骤（1），（2）可放到步骤（6）以后做，步骤（5），（6）次序也可以交换。对某些矿物，根据结晶特点也可选用其他切面。如普通角闪石，垂直 c 轴的切面非常具有特征：多为近菱形的长六边形，两组解理纹同时最细、最清晰，交角为 $56°$，$124°$。该切面上两组解理纹所交锐角等分线即为 N_m 方向，当目镜横丝（PP）平分锐角时（正交偏光镜下消光），单偏光镜下观察到的颜色即 N_m 的颜色。若薄片中难以找到垂直 OA 切面，而垂直 c 轴切面又容易找到，则可改用垂直 f 轴切面测定 N_m 颜色。

这里要强调的是，选一轴晶平行 OA 切面和二轴晶平行 OAP 切面时，最好用锥偏光镜下的闪图验证，但这要在锥光显微镜中介绍。若只依据正交偏光镜下的干涉色进行选择，应多测几个干涉色较高的切面，从中选出干涉色最高的切面，才能确保它是应选的切面。

五、矿物的消光类型及消光角的测定

1. 消光类型

消光类型是指矿物斜交 OA 切面消光时，目镜十字丝（即切面光率体椭圆半径方向）与矿物解理纹、双晶纹、晶面纹（晶面与切面的交线）等之间关系的类型。消光类型有如下三种（图 6-5）。

（1）平行消光［图 6-5(a)］。矿片在消光位时，矿物的解理纹、双晶纹、晶面纹等与目镜十字丝之一平行。

（2）斜消光［图 6-5(b)］。矿片在消光位时，矿物的解理纹、双晶纹、晶面纹等与目镜十字丝斜交（不垂直也不平行）。

（3）对称消光［图 6-5(c)］。矿片在消光位时，切面上的两组解理纹，或两组双晶纹，或两个方向的晶面纹的夹角等分线与十字丝方向一致。

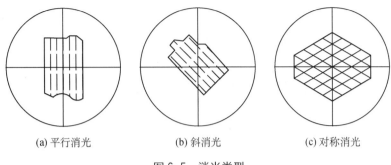

(a) 平行消光　　　　　(b) 斜消光　　　　　(c) 对称消光

图 6-5　消光类型

消光类型主要取决于矿物的对称程度,不同的晶系,其三种消光类型出现的概率不同:对称程度越高,平行消光、对称消光的切面越多;对称程度越低,斜消光的切面越多。其次取决于切面方位,同种矿物不同方向的切面,其消光类型不同。消光类型实际上就是矿物光性方位类型。

中级晶族矿物,其光性方位为 $N_e /\!/ c$,b 轴、c 轴与 N_o 一致。平行任一结晶轴的切面以及虽然与三结晶轴相交但与 a 轴、b 轴交角相等的切面,多数呈平行消光,有时呈对称消光。只有切面与 a,b,c 三轴斜交且交角彼此不相等时,才呈斜消光。

斜方晶系矿物,其光性方位是三个光率体轴与三个结晶轴一致。平行任一结晶轴的切面都呈平行消光,有时为对称消光。斜交三结晶轴的切面才呈斜消光。

单斜晶系矿物的光性方位为:b 轴与三个光率体轴之一重合,其他两个结晶轴与另两个光率体主轴斜交[图 6-6(a)]。单斜晶系矿物各切面的消光类型与晶体形态、解理的组数、解理的方位有关,对具体的矿物要作具体分析。下面以普通角闪石为例分析单斜晶系角闪石、单斜晶系辉石类矿物不同方向切面的消光类型。

(1) 平行 b 轴的切面。当垂直 c 轴时,切面与(001)交角小,但非平行(001)面,切面具两个方向的解理纹,夹角为 $56°$,$124°$,其锐角等分线为 N_m 方向,钝角等分线为 N'_p 方向,切面表现为对称消光[图 6-6(b)]。当切面方位向前或向后偏离垂直 c 轴方向时(但平行 b 轴),

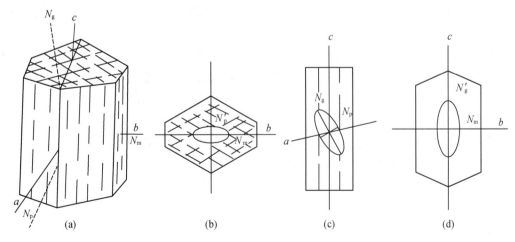

(a)　　　　　　(b)　　　　　　(c)　　　　　　(d)

图 6-6　普通角闪石不同切面的消光类型

两向解理纹同时变粗、变模糊，直到不见，解理纹交角的锐角变大，钝角变小。由于平行 b 轴的切面[也即垂直(010)面的切面]上，N_m 始终垂直柱面纹，另一方向的光率体椭圆半径(大小由 N_p 变到 N_g)始终平行柱面纹，因此这些切面不是对称消光就是平行消光。这里要指出的是，平行(100)的切面具有平行消光[图 6-6(d)]，但平行消光的切面不一定是平行(100)切面。平行 b 轴的切面中，有许多切面都为长方形，无解理纹，平行消光，很难从这些切面中分辨出平行(100)切面。

(2) 平行 a 轴的切面。由于 a 轴与 c 轴不垂直，在平行 a 轴的切面中没有垂直 c 轴的切面，但有接近垂直 c 轴的切面。接近垂直 c 轴的切面也具有两向解理纹，除了平行(001)切面外，均为非对称消光。(001)切面虽然是平行 a 轴的切面，但同时也是平行 b 轴的切面，因此它具有对称消光，但该切面的解理纹夹角不是 $56°,124°$。在平行 a 轴的切面中，由平行 b 轴切面到垂直 b 轴切面，两向解理纹所夹锐角变小，所夹钝角变大，解理纹由两向变为一向，消光类型除平行 b 轴切面外均为斜消光。其中垂直 b 轴切面，即垂直 N_m 切面，光率体椭圆半径分别为 N_g,N_p，解理纹方向为 c 轴方向，该切面在偏光显微镜下能准确找到，其 N_g 与 c 轴的夹角具有鉴定意义[图 6-6(c)]。因此，平行 a 轴的切面中，只有平行 b 轴切面是对称消光，其他的都是斜消光。

(3) 平行 c 轴的切面。由于普通角闪石多为长柱状半自形晶，柱面完好，平行 c 轴的切面多为长条形，长边(即柱面纹)平直。平行 c 轴的切面，虽然与两组解理面都相交，但交线是彼此平行的，在显微镜下只能见到一个方向的解理纹，且都平行柱面纹。当两组解理面与切面法线的交角都小于解理纹可见临界角时，切面上的两组解理纹都可见(互相平行)，解理纹较密。当一组解理面与切面法线的交角小于临界角而另一组大于临界角时，显微镜下切面上只能见到一组解理纹，解理纹较稀。当两组解理面与切面法线的交角都大于临界角时，切面上两组解理纹都见不到，即无解理纹。在平行 c 轴的切面中，只有平行(100)切面(既是平行 c 轴的切面，也是平行 b 轴的切面)是平行消光，其他切面都是斜消光，消光角以垂直 b 轴切面(既是平行 c 轴的切面，也是平行 a 轴的切面)上的最大，具有鉴定意义。

(4) 与 a,b,c 轴都斜交的切面。这些切面有的具有两向解理纹，有的具有一向解理纹，有的不具解理纹。在这些切面上，解理纹、晶面纹不代表结晶轴方向，光率体椭圆半径也不代表主轴方向，因此二者的交角一般不具有鉴定意义。

综上所述，普通角闪石只有平行 b 轴的切面具有对称消光或平行消光，其他切面都为斜消光。因此，单斜晶系矿物，多数切面是斜消光，少数切面是平行消光和对称消光。

三斜晶系矿物的光性方位是三个结晶轴与光率体三个主轴均斜交，其任何切面都是斜消光。三斜晶系矿物有些切面，如斜长石垂直(010)切面和同时垂直(010)、(001)面的切面，在显微镜下是可以定位的，这些切面上的消光角大小与成分有关系，具有鉴定意义。

2. 消光角及消光角公式的测定

(1) 消光角及消光角公式。

消光角是指矿片在消光位时，目镜十字丝与结晶方向(晶轴、解理纹、晶面纹等)之间的夹角，即切面光率体椭圆半径方向与结晶方向之间的夹角。消光角一般要用消光角公式表示。消光角公式包括三个要素：光率体椭圆半径名称、结晶方向名称、二者之间的夹角(α)数值,一般表示形式为"光率体椭圆半径名称∧结晶方向名称=α"。例如,普通角闪石平行(010)切面的消光角为 $N_g \wedge c = 25°$,中长石垂直(010)的切面上最大消光角为 $N'_p \wedge (010) = 27°$,等等。消光角公式是切面消光类型和光性方位的表示形式。例如,普通角闪石垂直 c 轴切面为对称消光,光性方位为 $N_m \wedge (110) = 28°$[或 $N'_p \wedge (110) = 62°$];平行(010)切面为斜消光,光性方位为 $N_g \wedge c = 25°$[或 $N_p \wedge c = 65°$];平行(100)切面为平行消光,光性方位为 $N'_g \wedge c = 0°$(或 $N_m \wedge c = 90°$)等。

不是所有斜消光的切面都要测定消光角公式,只有特定的切面才进行测定。这些特定的切面具有如下两个条件:一是切面可以在显微镜下定位(找到),其光率体椭圆半径名称和结晶方向名称都可以确定;二是消光角大小与成分有明显关系,即具有鉴定意义。例如,单斜晶系角闪石平行(010)的切面在偏光显微镜下能准确定位,其消光角大小随矿物种属不同而不同,因此研究单斜晶系角闪石一定要测定平行(010)切面上的消光角公式。角闪石垂直 c 轴的切面虽然在偏光显微镜下能准确定位,但其消光角大小不随种属而变,不仅所有的单斜角闪石,而且所有的角闪石都为 $N_m \wedge (110) = 28°$,该切面的消光角不必精确测定。角闪石还有一类切面,如平行(210)的切面,虽然其消光角大小也随种属不同而变,但切面无法在偏光显微镜下定位,其消光角也没有必要测定。因此对斜消光的一般切面,无须测定其消光角。

(2) 消光角公式的测定。

消光角公式的测定步骤如下:

① 选择符合要求的切面,将切面移至视域中心,在单偏光镜下使已知结晶方向平行纵丝(或横丝),记录物台读数 x_1。例如,单斜角闪石选择平行(010)切面,解理纹方向为 c 轴方向,使解理纹平行纵丝[图 6-7(a)]。

② 旋转物台使矿片消光,则切面光率体椭圆半径与十字丝方向一致,记录物台读数 x_2,算出 $\alpha = |x_1 - x_2|$。作素描图,标出光率体椭圆半径方向及其与结晶方向的夹角[图 6-7(b)]。

③ 转物台 45°,矿片干涉色最亮。从试板孔中插入试板,根据干涉色升降确定光率体椭圆半径名称[图 6-7(c)]。如单斜角闪石平行(010)切面的光率体椭圆长半径为 N_g,短半径为 N_p。

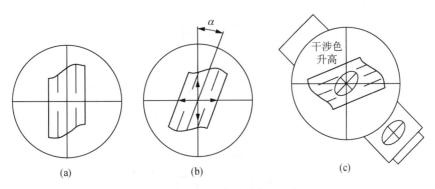

(a)　　　　　　(b)　　　　　　(c)

图 6-7　消光角公式测定步骤示意图

④ 写出消光角公式。如单斜角闪石的消光角公式为 $N_g \wedge c = \alpha$。

为了使测定结果准确,必须做到选择切面准确,矿片消光准确,物台读数准确,插入试板后干涉色升降判断准确。

六、矿物的延性及延性符号的测定

1. 延性及延性符号

不同的矿物具有不同的结晶习性。一些矿物晶体呈一向延长,如柱状、棒状、针状、纤维状等;另一些矿物晶体呈二向延长,如板状、片状等。矿物晶体沿着某一个或某两个光率体椭圆半径方向延长的习性就称为矿物的延性。要查明矿物的延性,首先要查明其不同方向切面的延性。如果切面方向平行或近于平行柱状、棒状、针状、纤维状矿物的延长方向,或垂直、近于垂直板状、片状矿物板面和片理面,切面形态都是一向延长。一般规定:切面延长方向与其光率体椭圆长半径(N_g 或 N'_g)平行或交角小于 $45°$,称为正延性;延长方向与短半径(N_p 或 N'_p)平行或交角小于 $45°$,称为负延性。切面延性的"正""负"称为延性符号。切面延长方向与光率体椭圆半径成 $45°$ 夹角,延性不分正负。对于等轴形切面,也不测定其延性。

矿物的延性既与光性方位有关,也与晶体形态有关。对于一轴晶:当晶体沿 c 轴方向延长时,正光性符号者延性符号为正,负光性符号者延性符号为负,延性符号与光性符号相同[图 6-8(a)];当晶体垂直 c 轴呈板状、片状时,其延性符号与光性符号相反[图 6-8(b)]。有的矿物有时为柱状,有时为板状,因此它的延性有时为正,有时为负。例如,刚玉为一轴负晶,呈柱状、桶状时为负延性,呈板状时为正延性。

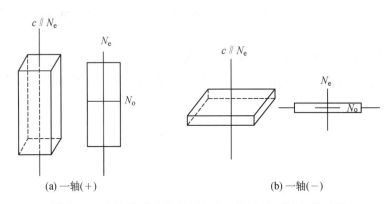

(a) 一轴(+)　　　　　　　　　　　　　(b) 一轴(−)

图 6-8　一轴晶矿物延性符号与光性符号、晶形之间的关系

对于二轴晶,当晶体延长方向与 N_g 一致时,多数切面为正延性;当延长方向与 N_p 一致时,多数切面为负延性;当延长方向与 N_m 一致时,有的切面为正延性,有的切面为负延性(图 6-9)。

2. 延性符号的测定

延性符号的测定类似于消光角公式的测定,其测定步骤如下。

(1) 将欲测切面置于视域中心,使延长方向与目镜十字丝纵丝方向一致。

(2) 观察消光类型。若为平行消光,接第(3)步骤操作;若为斜消光,转物台小于 $45°$(若

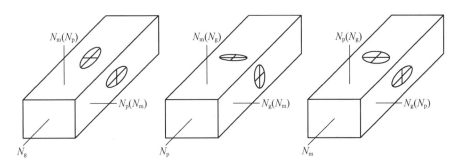

图 6-9 二轴晶矿物延性符号与光性方位、切面方位的关系

顺转物台大于 45°,则逆转物台小于 45°)使矿物消光。作好素描图,标出光率体椭圆半径方位[类似于图 6-7(b)]。

(3) 从消光位转物台 45°,插入试板,根据干涉色升降确定光率体椭圆半径名称。若延长方向与长半径平行或交角小于 45°,延性符号为正;若延长方向与短半径平行或交角小于 45°,延性符号为负。

七、矿物双晶的观察

正交偏光镜下之所以能见到双晶(Twin),是因为构成双晶的两个或两个以上的单体,其光性方位不同,除了少数几个特定的方向外,双晶单体不同时消光,具有不同的干涉色。有些矿物虽然具有双晶,但构成双晶两单体的光性方位相同,在正交偏光镜下具有完全相同的干涉色,不显示双晶。双晶也是某些矿物的重要鉴定特征之一。对双晶的观察主要有两个方面:是否具有双晶和具有什么类型的双晶。这里讲的双晶类型是按双晶单体数目和双晶面之间的关系划分的,常见有如下几种类型。

(1) 简单双晶:仅由两个单体组成,在正交偏光镜下,一个单体消光时,另一个单体明亮(见附录二图Ⅳ-2),转物台时,两单体明暗互相变换[图 6-10(a)]。如透长石、辉石、角闪石的简单双晶。

(2) 复式双晶:由两个以上单体互相连生组成。根据双晶面之间的关系又可分为以下三种。

① 聚片双晶:双晶面彼此平行,在正交偏光镜下,奇数单体干涉色及消光位一致,偶数单体干涉色及消光位相同,旋转物台时奇数单体和偶数单体轮换消光,呈现明暗相间的平行条带[图 6-10(b),见附录二图Ⅳ-3]。

② 轮式双晶:亦称环状双晶、双晶面不平行,依次成等角度相交。按单体数目,轮式双晶又可分为三连晶[图 6-10(c)]、四连晶[图 6-10(a)]、六连晶[图 6-10(d)],双晶的形状犹如车轮状,故名之,如堇青石(见附录二图Ⅳ-4)、钙镁橄榄石的六连晶。

(a) (b) (c) (d) (e) (f)

图 6-10 双晶的几种主要类型(曾广策,2017;图中数字代表双晶单体)

③ 格子双晶:两组聚片双晶互相垂直,在正交偏光镜下呈交织的方格网状[图 6-10(f)],如微斜长石(见附录二图Ⅳ-5)、歪长石的格子双晶,有时斜长石也见有格子双晶。

另外,在正交偏光镜下,可以观察到斜长石的环带(见附录二图Ⅳ-6)。

八、实验内容

(1) 观察石英垂直光轴的薄片,斜交光轴的薄片及平行光轴薄片在正交偏光镜下的消光现象。

石英垂直光轴切片为_____。石英斜交光轴切片为_____。石英平行光轴切片为_____。

(2) 在花岗闪长岩薄片中,观察黑云母和角闪石的消光类型,并用图表示。

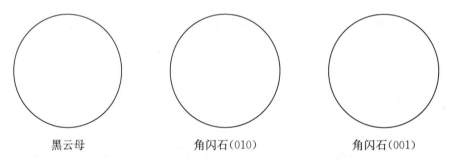

黑云母   角闪石(010)   角闪石(001)

测得角闪石的消光角为_____。

(3) 在花岗闪长岩薄片中测定角闪石和斜长石的延性,并用图表示(分别注明所用试板和干涉色变化)。

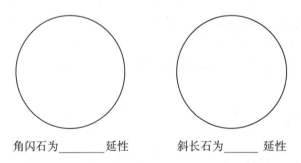

角闪石为_____延性   斜长石为_____延性

(4) 在辉长岩薄片中观察辉石和斜长石的消光类型,并用图表示。

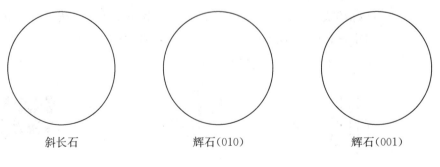

斜长石   辉石(010)   辉石(001)

测得斜长石的消光角为_____;测得辉石的消光角为_____。

（5）在辉长岩薄片中分别测定辉石和斜长石的延性,并用图表示(分别注明所用试板名称及干涉色变化)。

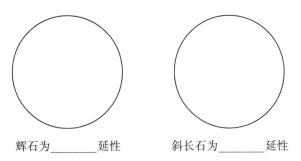

辉石为_____延性　　　　　　斜长石为_____延性

（6）观察流纹岩或花岗岩薄片中正长石的卡氏双晶;微斜长石薄片中微斜长石的格子双晶;花岗闪长岩薄片中酸性长石的卡钠复合双晶;闪长岩或安山岩薄片中的环带构造;辉长岩薄片中基性长石的聚片双晶,并分别作素描。

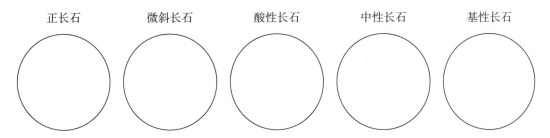

正长石　　　　　微斜长石　　　　　酸性长石　　　　　中性长石　　　　　基性长石

九、作业题

（1）消光类型有几种? 如何判断? 什么叫消光角? 如何测定矿物的最大消光角? 为什么一轴晶矿物多为平行消光和全消光? 斜方晶系矿物的切片有哪些消光类型? 三斜晶系矿物的切片有哪些消光类型?

（2）如何选择试板种类? 怎样判断干涉色升降?

（3）如何测定光率体椭圆半径的名称和方向?

（4）什么叫延性? 如何判断延性正负?

（5）在正交偏光镜下双晶的基本特征是什么?

实验七

锥光镜下晶体光学现象（一）

一、实验的目的与要求

（1）掌握锥光镜的装置及特点；

（2）观察一轴晶不同切片的干涉图形象特点；

（3）学会用一轴晶各种干涉图，测定光性符号。

二、锥偏光镜的装置特点

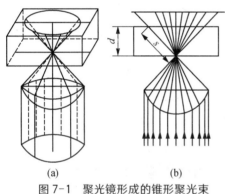

图 7-1　聚光镜形成的锥形聚光束
（李德惠，1993）

d—薄片厚度；s—光在薄片中通过的距离

锥偏光镜是锥偏光显微镜的简称。在正交偏光镜的基础上，旋上聚光镜、换上高倍物镜、加上勃氏镜（或去掉目镜）即完成了锥偏光镜的装置。

加入聚光镜的目的，是使透出下偏光镜的平行偏光束高度聚敛，形成锥形偏光束，并使锥形的顶点正好在薄片的底面，以倒锥形光束进入矿片。从锥形光束的纵切面（平行光锥对称轴的切面）上看，外倾斜角度越大的光束，经过矿片的距离（s）越大；从横切面（垂直光锥对称轴的切面）上看，光束呈同心圈层状（图 7-1），除中央一束光波是垂直入射矿片外，其余各光波都是倾斜入射矿片的，且各圈层距中心距离相等，则光束倾角相等。但无论如何倾斜，其振动方向在薄片平面上的投影方向总是与 PP 平行的。

偏光显微镜下观察到的矿物光学性质，是垂直光波传播方向的切面所显示的光学性质。由于锥形偏光从不同的方向入射矿片，就会在同一矿片中同时观察到不同方向切面的光学性质。如在锥偏光镜下就能同时观察到不同方向切面的消光和干涉现象。这些方向不同，且方向连续过渡变化的所有切面的消光和干涉现象形成的整体图形就称为干涉图。换用高倍物镜就是为了接纳较大范围的锥形光波，以观察到范围较大、图形较完整的干涉图（图 7-2）。

如实验五第四部分所述，光波干涉作用的发生是由

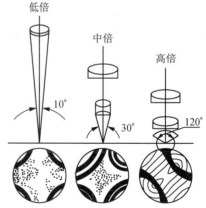

图 7-2　不同放大倍数的物镜观察到的不同范围干涉图（李德惠，1993）

于透出上偏光镜的偏光符合相干波的必备条件,因此干涉图形成于上偏光镜的表面(上方)。由于上偏光镜距目镜较远,干涉图位于目镜两倍焦距之外,装上目镜只能在目镜上方看到一个缩小的实像(非常小,看不清图像结构),既看不到放大的虚像,也看不到上偏光镜表面的干涉图实像。要想看到上偏光镜表面的干涉图实像,就得去掉目镜。看到的干涉图实像虽小,但非常清晰,足以满足鉴定的需要。不过,卸、装目镜较麻烦,对初学者不提倡。要想在不去掉目镜的情况下看到干涉图像,必须在目镜一倍焦距之内有一个干涉图实像。一般的做法是在上偏光镜和目镜之间设置一个凸透镜,通过该透镜将上偏光镜表面的干涉图实像成像到目镜一倍焦距之内,这样通过目镜就可以看到一个放大的干涉图虚像。上偏光镜上方设置的这个透镜就叫勃氏镜。由此可见,加入勃氏镜的目的,是为了将干涉图实像成像到目镜一倍焦距之内,在不去掉目镜的情况下看到一个放大的干涉图虚像。

观察干涉图的操作中应注意下列事项:

(1) 寻找切面之前要校正好显微镜,不仅要校正好中、低倍物镜中心,而且要校正好高倍物镜中心,还要校正好聚光系统中心。

(2) 换用高倍物镜之前,用中、低倍物镜寻找切面,将选定的切面置于视域中心。

(3) 物镜转盘上不同放大倍数的物镜,其准焦位基本上是一致的,换上高倍物镜之前不必下降物台,换上之后只要稍微微调物台即可看清切面物像。但换上高倍物镜之前一定要检查薄片的盖玻片是否朝上。若盖玻片朝下,因高倍物镜工作距离很短,换上高倍物镜时,高倍物镜镜头会触及载玻片,强行换上会冲破薄片、磨损镜头。

(4) 应在较低处旋上聚光镜,使之与物镜放大倍数一致。

(5) 推入勃氏镜时动作要轻,以免移动薄片。

(6) 看完干涉图后要及时换回中倍或低倍物镜,去掉勃氏镜。

一轴晶干涉图,按图像的变化特征有三种类型,分别为垂直 OA 切面干涉图、平行 OA 切面干涉图及斜交 OA 切面干涉图。

三、一轴晶垂直 OA 切面的干涉图

1. 图像特征

垂直 OA 切面干涉图由一个黑十字和同心环状干涉色圈组成。组成黑十字的两个黑带分别平行 PP,AA,即与目镜十字丝方向一致。黑十字的交点为 OA 出露点(OA 与切面的交点),与目镜十字丝交点一致。黑带近交点处较窄,远离交点处变宽。干涉色圈以黑十字交点为中心呈同心环状,从近交点的 I 级灰开始,向外按干涉色级序的顺序依次升高,而且越往外色圈越密。干涉色圈的多少主要取决于矿物的最大双折射率,最大双折射率越大,色圈越多[图 7-3(a),见附录二图 V-1]。最大双折射率低的矿物,不出现红色色圈,有的只能出现灰、灰白干涉色圈[图 7-3(b),见附录二图 V-2]。此外,干涉色圈的多少还与薄片厚度有关,厚度越大,干涉色圈越多。旋转物台 360°,干涉图像不发生变化。

2. 图像的成因

为了解释干涉图像的成因,要引入波向图的概念。波向图是由贝克(Becke,1905)提出,

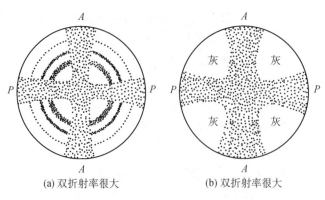

(a) 双折射率很大　　　　　　　(b) 双折射率很大

图 7-3　一轴晶垂直 *OA* 切面干涉图(李德惠,1993)

后经约翰逊(Johannsen,1918)完善。波向图的做法是:首先把光率体放在一个投影球之内,并使二者中心重合;然后把光率体不同方向的椭圆切面半径(即双折射分解后的两束偏光的振动方向)按星射球面投影方法投影到球面上[图 7-4(a)],得出了不同方向光率体椭圆半径在投影球面上的立体图;最后把投影半球上的投影结果,按直射投影法投影到水平大圆上,即得出波向图。波向图即以不同方向入射晶体的光波所分解的两束偏光的振动方向在水平面上的投影图。一轴晶垂直 *OA* 切面波向图[图 7-4(b)],由同心圆线和放射线组成,同心圆线与放射线的交点为锥形光束在矿片的出露点,放射线方向为 *e* 光振动方向(N_e' 方向),同心圆线的切线方向为 *o* 光振动方向(N_o 方向),圆心为 *OA* 出露点。有了波向图就很容易解释干涉图像的成因。

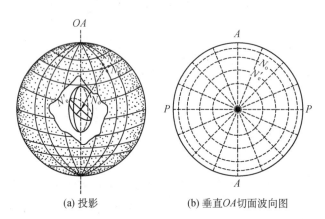

(a) 投影　　　　　　　　(b) 垂直*OA*切面波向图

图 7-4　一轴晶光率体椭圆半径的星射球面(李德惠,1993)

(1) 黑十字的成因。

从垂直 *OA* 切面的波向图可知,目镜十字丝位置(也即 *PP*,*AA*),光率体椭圆半径与 *PP*,*AA* 一致,矿片消光,在靠近十字丝附近,光率体椭圆半径接近与 *PP*,*AA* 一致,干涉色灰暗,从而形成有一定宽度的黑十字或十字消光带(图 7-5)。最大双折射率越低的矿物,最高干涉色越低,距十字丝较远的地方干涉色仍然昏暗,因而消光带越宽。由于 N_e' 呈放射状分布,当 N_e' 与 *PP*,*AA* 夹角相等时,中心部位 N_e' 距 *PP*,*AA* 较近,边缘部位距 *PP*,*AA* 较远,造成消光带近中心部位较窄,向边缘变宽。旋转物台360°,波向图与PP,AA的相对关系不发生变化,因此消光带的位置和特征不发生改变。

（2）干涉色圈的成因。

除了目镜十字丝位置外,光率体椭圆半径与PP,AA斜交,会呈现干涉色,近十字丝部位干涉色暗,远离十字丝干涉色变亮,与十字丝成45°的方向上干涉色最亮。

由图7-6可知,中央一束光线垂直薄片平面,光率体椭圆切面为圆切面,双折射率为零。其他光线斜交薄片平面,光率体椭圆切面与OA斜交,双折射率为$\Delta N=|N_o-N_e'|$。越往外,光率体椭圆切面法线与OA交角越大,双折射率$|N_o-$

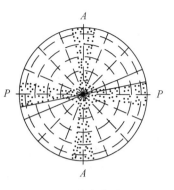

图7-5　黑十字的成因
（李德惠,1993）

$N_e'|$越接近矿物最大双折射率$|N_o-N_e|$,即从中心向边缘,双折射率ΔN是逐渐增高的。同时,越往外,光线越倾斜,光线穿过矿片的距离由d变为s,也是逐渐增大的。因此,从中心向边缘,光程差$R=d\cdot\Delta N$是逐渐增大的,干涉色逐渐升高。与中心距离相等的部位,ΔN相等,光线穿过薄片的距离相等,因而R相等,干涉色相同而呈同心圈层状。s和ΔN的变化都不是等差变化,越往外,变化速率越大,R增大越快,因而干涉色圈越密。旋转物台,光率体椭圆半径的分布与PP,AA相对关系不发生改变,因而干涉色圈的特征同样不发生变化。

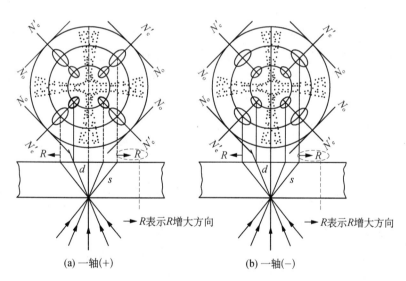

（a）一轴(+)　　　　　　　　　（b）一轴(-)

图7-6　干涉色圈的成因（曾广策,2017）

3. 图像的应用

（1）确定轴性。

见到一轴晶垂直OA切面干涉图,即可确定该矿物属于一轴晶。

一轴晶垂直OA切面干涉图与二轴晶垂直Bxa切面干涉图有相似之处:在正交偏光镜下处于消光位时,二者都具有黑十字。但二者的相异性更大:①一轴晶垂直OA切面干涉图色圈为以十字丝交点为中心的同心圈状,而二轴晶垂直 Bxa 切面干涉图的色圈为"∞"字形;②旋转物台,一轴晶垂直 OA 切面干涉图图像特征不变,而二轴晶垂直 Bxa 切面干涉图的黑十字要发生分裂-合并变化,干涉色圈要随之发生旋转。

(2) 确定切面方位。

见到一轴晶垂直 OA 切面干涉图,即可确定该切面方位是垂直 OA 的。

一轴晶垂直 OA 切面干涉图与一轴晶斜交 OA 且 OA 出露点仍在视域内的干涉图有些类似,都有黑十字和同心色圈,且色圈与黑十字的相对关系不变。但斜交 OA 切面干涉图的黑十字交点与目镜十字丝交点不重合,且旋转物台时,黑十字连同干涉色圈绕十字丝交点旋转,黑十字交点与十字丝交点越接近,表示切面越接近垂直 OA。

(3) 确定矿物光性符号。

一轴晶矿物的光性符号是根据 N_e,N_o 的相对大小确定的:$N_o < N_e$,光性符号为正;$N_o > N_e$,光性符号为负。正光性矿物,N_o 为最小折射率,即 $N_o < N'_e < N_e$。负光性矿物,N_e 为最小折射率,即 $N_o > N'_e > N_e$。因此,确定矿物光性符号,不一定要比较 N_o,N_e 的相对大小,只要比较 N_o,N'_e 的相对大小即可。在一轴晶垂直 OA 切面的波向图中,N_o,N'_e 的方向是已知的,只要插入试板,根据干涉色的升降即可判定 N_o,N'_e 的相对大小,矿物的光性符号随之可知。

从图 7-6 可知,一轴晶垂直 OA 切面干涉图中的光率体椭圆半径方向、大小的分布是对称的,Ⅰ、Ⅲ象限和Ⅱ、Ⅳ象限分别相同但方位正好相反。当插入试板后,若Ⅰ、Ⅲ象限干涉色升高,Ⅱ、Ⅳ象限干涉色则降低,反之则相反,即干涉色不是整个统一的升降。因此,观察干涉色的升降时,不能同时观察四个象限,而是要四个象限分别观察。因为四个象限分别观察所得出矿物光性符号的结论是一致的,所以只要观察任一象限即可。

四个象限的最高干涉色为Ⅰ级灰白的一轴晶垂直 OA 切面的干涉图,插入石膏试板后,黑十字变成紫红(为石膏试板干涉色)十字,四个象限的干涉色则分别升高或降低一个级序,而变成(Ⅰ级)黄或(Ⅱ级)蓝:若Ⅰ、Ⅲ象限为蓝,Ⅱ、Ⅳ象限为黄,表明放射线方向为长半径(指光率体椭圆切面半径,下同),即 $N'_e > N_o$,矿物光性符号为正[图 7-7(a),见附录二图 V-3];若Ⅰ、Ⅲ象限为黄,Ⅱ、Ⅳ象限为蓝,则放射线方向为短半径,即 $N'_e < N_o$,矿物光性符号为负[图 7-7(b),见附录二图 V-4]。

四个象限最高干涉色为Ⅰ级灰白的一轴晶垂直 OA 切面干涉图,插入云母试板后,黑十字变成灰白(为云母试板干涉色)十字,四个象限的干涉色分别升高或降低一个色序,而变成Ⅰ级暗灰或Ⅰ级黄白:若Ⅰ、Ⅲ象限为Ⅰ级黄白,Ⅱ、Ⅳ象限为Ⅰ级暗灰,则放射线方向为长半径,即 $N'_e > N_o$,矿物光性符号为正;若Ⅰ、Ⅲ象限为暗灰,Ⅱ、Ⅳ象限为黄白,则放射线方向为短半径,即 $N'_e < N_o$,矿物光

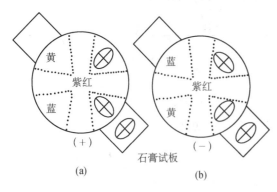

图 7-7 四个象限最高干涉色为Ⅰ级灰白的一轴晶垂直 OA 切面干涉图加入石膏试板后干涉色的变化及光性符号的测定(曾广策,2017)

性符号为负。

最大双折射率较大的矿物,垂直 OA 切面干涉图会出现多级干涉色圈,插入云母试板、石膏试板、石英楔后,干涉色变化各有其特征。

加入云母试板后,原来的黑十字变成灰白十字,Ⅰ、Ⅲ象限干涉色圈相对Ⅱ、Ⅳ象限干涉色圈发生错断:若Ⅰ、Ⅲ象限干涉色圈向内错动,Ⅰ、Ⅲ象限以黄白干涉色(近灰白十字处)开始,Ⅱ、Ⅳ象限以暗灰(有两黑暗区)干涉色开始,表明放射线方向为长半径,即 $N'_e > N_o$,矿物光性符号为正[图 7-8(a)];若Ⅱ、Ⅳ象限干涉色圈向内错动,Ⅰ、Ⅲ象限近灰白十字处有两黑暗区,表明Ⅰ、Ⅲ象限干涉色降低,Ⅱ、Ⅳ象限干涉色升高,矿物光性符号为负[图 7-8(b)]。

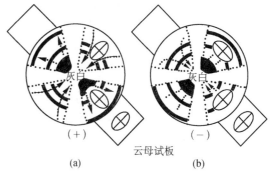

图 7-8　具有多级干涉色圈的一轴晶垂直 OA 切面干涉图加入云母试板后干涉色的变化及光性符号的测定

加入石膏试板后,黑十字变成紫红十字,虽然Ⅰ、Ⅲ象限和Ⅱ、Ⅳ象限的干涉色分别升高或降低了一个级序,但干涉色圈是不错开的,除了近十字部位外,其他部位的干涉色也难以判定是升高了还是降低了。这时要重点观察近十字部位的干涉色变化。若近十字部位的Ⅰ级灰白变成了Ⅱ级蓝,则表明干涉色升高了,若变成了Ⅰ级黄,则表明干涉色是降低了,据此可判定矿物的光性符号。

加入石英楔时,干涉色圈的变化给人一种运动的感觉:干涉色圈向外扩散,表明干涉色在逐步降低;干涉色圈向内消亡,表明干涉色在逐渐升高。抽出石英楔时,干涉色圈运动方向与插入时相反。根据干涉色圈的移动规律,很容易判定干涉色的升降和矿物的光性符号。如插入石英楔时,Ⅰ、Ⅲ象限干涉色圈向内移动,Ⅱ、Ⅳ象限干涉色圈向外扩散,则矿物光性符号为正。

四、平行 OA 切面的干涉图

1. 图像特征

切面处于 $0°$ 位(即正交偏光镜下的消光位, N_o, N_e 分别与 PP, AA 一致)时的干涉图为一个粗大的黑十字,当矿物最大双折射率较小时,黑十字几乎占满整个视域,当矿物最大双折射率较大时,四个象限的边缘会出现干涉色圈,干涉色从Ⅰ级灰开始[图 7-9(a)]。稍微转动物台(转 $10°\sim15°$),黑十字从中心开始分裂,迅速退出视域。 $45°$ 位(即从 $0°$ 位转物台 $45°$, N_o, N_e 分别与 PP, AA 相交成 $45°$),视域最亮,干涉色对称分布:原粗大黑十字的部位(即视域中心部位),干涉色与正交偏光镜下的干涉色相同;Ⅰ、Ⅲ象限和Ⅱ、Ⅳ象限干涉色相对中央部位分别依次降低和升高,若Ⅰ、Ⅲ象限相对中央部位依次升高,则Ⅱ、Ⅳ象限相对中央部位降低[图 7-9(b)],反之亦然;但升降幅度不大,一般为 $1\sim3$ 个色序,矿物最大双折射率大者,色序升降幅度大。 $90°$ 位时,干涉图又呈一个粗大黑十字。从 $90°$ 位到 $180°$ 位,干涉图又如上所述出现重复。旋转物台 $360°$,干涉图四暗四亮,由暗到亮变化迅速,因此又称此类干涉图为闪图或瞬变干涉图。

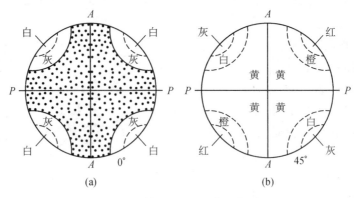

图 7-9　一轴晶平行 *OA* 切面干涉图

2. 干涉图的成因

一轴晶平行 *OA* 切面波向图如图 7-10(a)所示。当矿片处于 0°位和 90°位时，视域绝大部分区域的 N_o，N'_e 分别与 *PP*，*AA* 平行，处于消光位，仅四个象限的边缘部分的 N'_e 与 *PP*，*AA* 略为斜交，出现干涉色，因而干涉图为粗大黑十字。稍转物台，中央部位的 N_o，N'_e 立即与 *PP*，*AA* 斜交，随即所有区域的光率体椭圆半径都与 *PP*，*AA* 斜交，因而黑十字从中心分裂，迅速退出视域，整个视域变亮，出现干涉色。

当矿片处于 45°位时，锥偏光镜下光率体椭圆分布如图 7-10(b)，(c)所示。在 *OA* 方向上，由中心向外，双折射率由 $|N_e-N_o|$ 变为 $|N'_e-N_o|$，因为 $|N_e-N_o|>|N'_e-N_o|$，所以双折射率逐渐变小，使干涉色逐渐降低。同时，由中心向外，光线通过矿片的距离逐渐增加，会使干涉色逐渐升高。但由于矿片的厚度(0.03 mm)不大，光线通过矿片的距离增加的幅度很小，不足以抵消双折射率变小引起的干涉色降低。总的结果是，干涉色仍然是逐渐降低，而且因为抵消了一部分，干涉色降低的幅度不大。

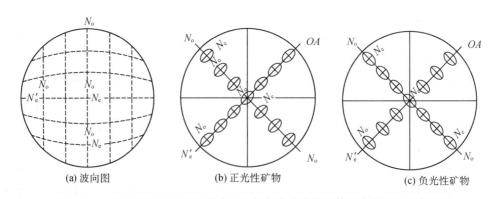

图 7-10　一轴晶平行 *OA* 切面波向图及其在锥偏光镜下的光率体椭圆分布情况

在 N_o 方向上，由中心向外，虽然双折射率$|N_e-N_o|$不变化，但光线通过矿片的距离是增大的，会使干涉色逐渐升高，但由于光线通过矿片的距离增加的幅度不大，因而干涉色升高的幅度也不大。

3. 干涉图的应用

一轴晶平行 OA 切面干涉图与二轴晶平行 OAP 切面干涉图特征相似,难以区分。因此,不能用该类型干涉图来确定矿物的轴性。但如果用其他切面干涉图确定轴性后,或已知矿物的轴性,一轴晶平行 OA 切面干涉图有下列用途。

(1)确定切面方位。

如果干涉图为闪图,0°位为粗大黑十字,45°位干涉色完全对称,则该切面即为平行 OA 的切面,如果 0°位的粗大黑十字和 45°位的干涉色不完全对称,则说明切面不完全平行 OA。根据平行 OA 切面干涉图特征,可以磨制一轴晶平行 OA 定向教学切面和在薄片中寻找平行 OA 的切面,以测定一轴晶重要光学性质。

(2)确定矿物光性符号。

矿物光性符号的确定必须在 45°位或 135°位干涉图上进行。

首先在干涉图上确定 N_o,N_e 的位置或方向。确定 N_o,N_e 的位置或方向有两种方法。一种是根据干涉图中干涉色的对称性确定,当矿物最高干涉色较高,干涉图中干涉色出现数个色序时采用该法。

前面已述,一轴晶平行 OA 切面 45°位干涉图干涉色是对称的。干涉色由中心向外逐渐升高的方向是 N_o 方向,逐渐降低的方向是 N_e(或 N_e')方向。根据 45°位干涉色的分布特征即可确定 N_e,N_o 的方向。在 45°位干涉图上加上试板时,要么干涉色整体都升高,要么干涉色整体都降低。观察干涉色升降时,只要注视视域某一部分(如视域的中部)即可。判断出 N_o,N_e 的方向,又确定了干涉色的升降,N_o,N_e(N_e')的相对大小即可确定,矿物的光性符号随即可知[图 7-11(a)]。如果根据 45°位干涉图判断出 N_o,N_e 的方向后,退出勃氏镜,在正交偏光镜下更容易判断干涉色的升降和矿物的光性符号[图 7-11(b)]。

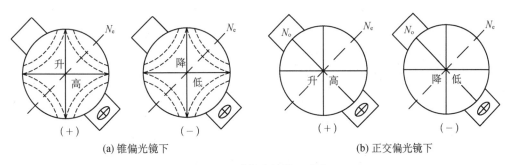

(a) 锥偏光镜下　　　　　　　　　　(b) 正交偏光镜下

图 7-11　矿物光性符号确定

确定 N_o,N_e 的位置或方向的另一种方法,是根据 0°位干涉图中粗大黑十字分开、逃出视域的方向确定。当矿物最高干涉色较低,干涉图中干涉色色序数低于 2 个色序时采用此法。

另外,采用上述根据干涉图中干涉色的对称性确定 N_o,N_e 的位置或方向的方法时,也最好再用此法进行验证。

前面已述,0°位干涉图为粗大黑十字,几乎占满整个视域。稍转物台,黑十字从中心开始分裂、逃出视域。转物台 12°~15°,黑十字完全退出视域,黑十字退出的方向即 N_e 方向。转物台 45°,N_e 方向与十字丝成 45°交角(图 7-12)。

确定 N_o，N_e 的位置或方向后，再仿照图 7-11 所示，加入试板，根据干涉色升降判断 N_o，N_e 相对大小，再根据 N_o，N_e 相对大小确定矿物光性符号。

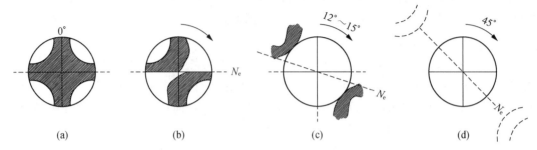

图 7-12　根据粗大黑十字分开、逃出视域的方向确定 N_o，N_e 的位置或方向

五、一轴晶斜交 OA 切面的干涉图

除了垂直 OA 切面和平行 OA 切面，其他切面都属于斜交 OA 的切面，薄片中主要是后一种类型的切面。这类切面又可分为两大类：一类是近于垂直 OA 和近于平行 OA 的切面，另一类是与 OA 交角较大的切面。

1. 近于垂直 OA 切面的干涉图

该种切面斜交 OA，但切面法线与 OA 交角不大。干涉图中 OA 出露点虽与十字丝交点不重合，但仍在视域内，其干涉图是一个不对称的垂直 OA 切面干涉图。旋转物台，黑十字交点绕十字丝交点作圆周运动，干涉色圈随之转动（图 7-13）。该类干涉图，类似于垂直 OA 切面的干涉图，可用以确定矿物的轴性和光性符号，但不能准确确定切面的方位。

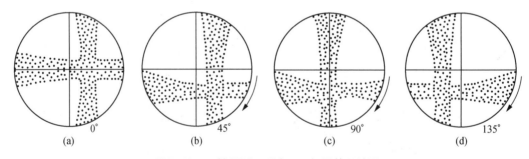

图 7-13　一轴晶近于垂直 OA 切面的干涉图

2. 近于平行 OA 切面的干涉图

切面与 OA 交角很小，但不平行 OA。干涉图仍为闪图，但闪动速度稍慢，0°位粗大黑十字和 45°位的干涉色分布都不相对十字丝中心对称。在轴性已知时，仍能利用此图确定矿物的光性符号，但不能在此切面上测定矿物最大双折射率和最高干涉色。

3. 与 OA 交角较小的切面的干涉图

切面与 OA 交角较小，OA 出露点不在视域内，视域内见不到黑十字交点，最多只能见到一个黑带。旋转物台，黑十字交点之外的四段黑带轮流在视域内上下、左右平行移动〔图

7-14(a)],干涉色圈随之转动。

如果切面与 OA 交角更小,光轴出露点远离视域,视域内仅见到黑带的尾部。旋转物台时,四段黑带的尾部轮流在视域内上下、左右移动,而且黑带在通过十字丝位置时平直,进入和退出视域时发生弯曲[图 7-14(b)]。

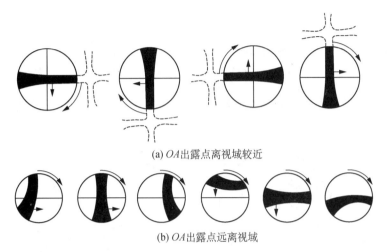

(a) OA 出露点离视域较近

(b) OA 出露点远离视域

图 7-14　一轴晶斜交 OA 切面的干涉图

该类切面干涉图虽然不能用于准确判定切面的方位,但仍可用于判定矿物的轴性和光性符号。一轴晶斜交 OA 切面干涉图和二轴晶垂直 OA 切面干涉图虽然有些位置相似,但前者是不同的黑带在视域内轮换平行移动,而且黑带要退出视域;而后者是同一黑带在视域内伸直、弯曲、旋转变化,不退出视域。

利用一轴晶斜交 OA 切面干涉图测定矿物光性符号时,首先要通过旋转物台确定视域出现的干涉图部分是属于垂直 OA 切面干涉图的哪一个象限,然后再加入试板,根据干涉色的升降判定 N'_e,N_o 的相对大小,随之即可确定矿物的光性符号(图 7-15)。

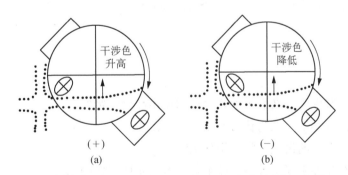

图 7-15　在一轴晶斜交 OA 切面的干涉图上确定矿物光性符号

六、实验内容

(1) 观察石英垂直光轴切面及方解石垂直光轴切面的干涉图,作出素描图,并确定石英和方解石的轴性及光性正负(注明所用试板及干涉色变化)。

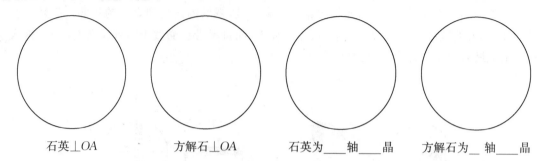

石英⊥OA　　　　方解石⊥OA　　　　石英为___轴___晶　　　方解石为__轴___晶

(2) 分别观察石英及方解石斜交光轴切面干涉图,画出光性正负测定图(注明所用试板及干涉色变化)。

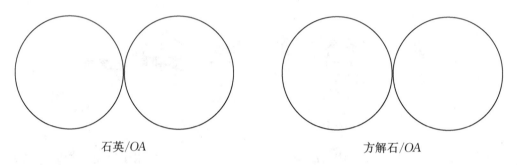

石英/OA　　　　　　　　方解石/OA

(3) 观察晶盒内石英平行光轴切面干涉图,作出素描并练习光性正负测定。

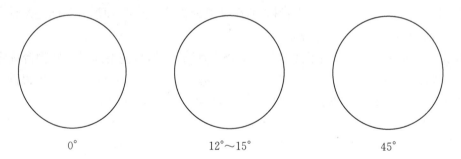

0°　　　　　　　　12°～15°　　　　　　　　45°

七、作业题

(1) 锥光镜装置中为什么必须加聚光镜和换用高倍物镜?

(2) 用锥光镜观察干涉图为什么要用加勃氏镜?

(3) 一轴晶干涉图的最主要特征是什么?

(4) 一轴晶有几种主要干涉图? 图示各干涉图光性正负的测定。

实验八

锥光镜下晶体光学现象(二)

一、实验的目的与要求

(1) 掌握二轴晶各种切面的干涉图形象特征;

(2) 学会测定二轴晶的光性正负。

二、二轴晶垂直 *Bxa* 切面的干涉图

1. 图像特征

0°位时,干涉图由黑十字和"∞"形干涉色圈组成[图 8-1(a),见附录二图 V-5,6]。黑十字交点与十字丝交点重合,并代表 *Bxa* 出露点。黑十字两个黑带一粗一细。当光轴角较小(2*V*<45°)时,在 10×40 倍的锥偏光镜下,两个 *OA* 出露点位于视域内,并位于较细的黑带上,且 *OA* 出露点处更细。当矿物最大双折射率较大时,干涉色分别以两个 *OA* 出露点为中心呈圈层状分布。由于干涉色圈向外较密,向内较疏,色圈呈椭圆状,外层干涉色圈相连呈"∞"字形,"∞"字形的走向与细黑带走向平行。旋转物台,黑十字从中心开始分裂成两个弯曲的黑带。"∞"字形色圈随之旋转。45°位时,两个黑带呈对称的双曲线,相距最远,两条黑带的顶点即两 *OA* 的出露点,黑带凸向 *Bxa* 出露点(十字丝交点)。两 *OA* 出露点的连线为 *OAP* 与切面的交线(光轴面迹线),与 *AA*,*PP* 相交成45°。"∞"字形干涉色圈的走向与光轴面迹线走向一致[图 8-1(b),见附录二图 Ⅵ-1,2]。90°位干涉图与0°位干涉图相似,仅方位旋转了90°[图 8-1(c)]。135°位干涉图与45°位者相似,也是方位相差90°[图 8-1(d)]。180°位干涉图又与0°位干涉图相同。

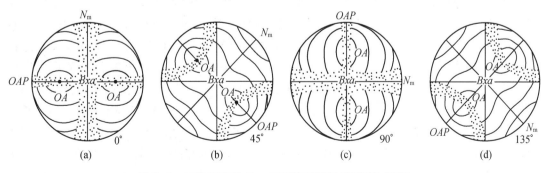

图 8-1　二轴晶垂直 *Bxa* 切面的干涉图(曾广策,2006)

矿物的最大双折射率较大时,"∞"干涉色圈较多;较小时,干涉色圈较少。2*V* 较大时,

两个 OA 出露点相距较远;$2V$ 较小时则相距较近。两个 OA 出露点的距离还与物镜的放大倍数有关,放大倍数越大,距离越近。如果 $2V$ 较大(物镜的放大倍数不是很大),两 OA 出露点就会位于视域之外,旋转物台,黑十字分裂、退出视域,干涉图特征与以后要介绍的垂直 Bxo 切面干涉图类似。

2．干涉图的成因

（1）消光带的成因。

垂直 Bxa 切面波向图如图 8-2 所示。$0°$ 位时,十字丝附近区域,光率体椭圆半径与 PP,AA 一致或近于一致,矿物消光而形成黑十字消光带。光轴面迹线方向,光率体椭圆半径与 PP,AA 一致的范围较窄,故消光带较细;与之垂直的方向(即 N_m 方向)一致的范围较宽,故消光带较粗[图 8-3(a)]。$45°$ 位时,光率体椭圆半径与 PP,AA 一致的范围呈对称的双曲线状,故消光黑带也呈对称的双曲线状[图 8-3(b)]。

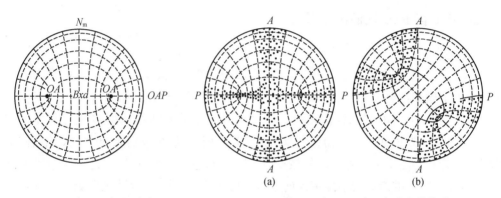

图 8-2　垂直 Bxa 切面波向图　　　　图 8-3　垂直 Bxa 切面干涉图中消光带的成因
　　　　　（李德惠,1993）　　　　　　　　　　　　　（李德惠,1993）

（2）干涉色圈的成因。

二轴晶有两根光轴,像一轴晶一样,干涉色分别以两 OA 出露点为中心呈圈层状分布。二轴晶垂直 Bxa 切面的光率体椭圆半径分布如图 8-4 所示。正光性矿物[图 8-4(a)],$Bxa=N_g$,Bxa 出露点(十字丝交点)的双折射率为 N_m-N_p。OA 出露点的双折射率为零。从 OA 出露点向 Bxa 出露点(向内方向),双折射率由零增大到 N_m-N_p。由 OA 出露点向外(向垂直 Bxo 方向),双折射率变化为:$0→(N'_g-N_m)→(N_g-N_m)$。由于正光性矿物当 $2V$ 与 $90°$ 相差较大时,$(N_g-N_m)>(N_m-N_p)$,即由 OA 出露点向外,双折射率增加较快,向内增加较慢。负光性矿物[图 8-4(b)],$Bxa=N_p$,Bxa 出露点的双折射率为 N_g-N_m,由 OA 出露点向内,双折射率由零增加到 N_g-N_m,向外双折射率也逐渐增加,增加的顺序为 $0→(N_m-N_p)→(N_m-N_p)$。由于负光性矿物当 $2V$ 与 $90°$ 相差较大时,$(N_g-N_m)<(N_m-N_p)$,也是由 OA 出露点向外,双折射率增加较快,向内增加较慢。同时,由 OA 出露点向外,光线通过矿片的距离是逐渐增加的,向内是逐渐减小的。因此,由 OA 出露点向外,R 增加较快,表现为干涉色升高较快,干涉色圈较密;由 OA 向内,干涉色升高较慢,干涉色圈较疏。干涉色圈呈蛋形,小头朝 Bxa 出露点。外圈相连呈"∞"字形(图 8-1)。

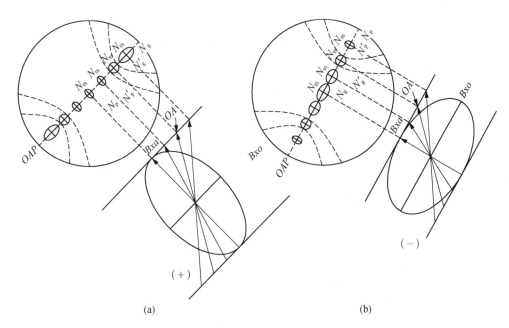

图 8-4　二轴晶垂直 *Bxa* 切面干涉图中双折射率变化及光线通过矿片的距离变化(李德惠,1993)
(注:椭圆上、下两平行线示矿片顶底面)

3.干涉图的应用

(1)确定轴性及切面方位。

二轴晶垂直 *Bxa* 切面的干涉图很特别,无论是一轴晶还是二轴晶都没有另外一种干涉图与它完全相同。虽然最高双折射率较低(不出现干涉色圈)的一轴晶垂直 *OA* 切面的干涉图和二轴晶垂直 *Bxa* 切面的干涉图在 0°位时都表现为与十字丝一致的黑十字,但旋转物台时前者黑十字不变,而后者黑十字分裂成双曲线。最大双折射率较大的矿物,即使在 0°位,两种干涉图也容易区分:前者干涉色圈以黑十字(或十字丝)交点为中心;而后者干涉色圈分别以两个 *OA* 出露点为中心,相连成"∞"字形。见到二轴晶垂直 *Bxa* 切面干涉图,即可确定矿物为二轴晶,切面方位为垂直 *Bxa*。

(2)确定矿物的光性符号。

确定矿物的光性符号,必须利用 45°位或 135°位干涉图。首先要弄清光率体要素在干涉图中的分布方向。如图 8-5(a)所示,两条黑带的顶点为 *OA* 出露点,黑带突向 *Bxa* 出露点(十字丝交点),*Bxa* 垂直图(纸)面。两个 *OA* 出露点的连线为光轴面迹线,垂直光轴面迹线方向为 N_m 方向。然后加入试板,根据视域中部(即 *Bxa* 出露点附近)干涉色的升降,判断 N_m 是光率体椭圆的长半径还是短半径,随之矿物光性符号即可确定。如果 *Bxa* 出露点附近的 N_m 是光率体椭圆的长半径,则垂直 N_m 方向(*OAP* 迹线方向)为短半径 N_p,因为垂直 $N_m N_p$ 面的主轴为 N_g,所以 *Bxa*＝N_g,矿物光性符号为正[图 8-5(b),见附录二图Ⅵ-3]。如果 *Bxa* 出露点附近的 N_m 是光率体椭圆的短半径,则垂直 N_m 方向为长半径 N_g,因为垂直 $N_m N_g$ 面的主轴为 N_p,所以 *Bxa*＝N_p,矿物光性符号为负[图 8-5(c),见附录二图Ⅵ-4]。

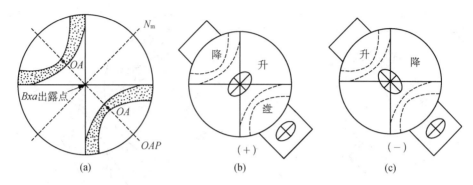

图 8-5　二轴晶垂直 Bxa 切面干涉图中光率体要素的分布及矿物光性符号的测定

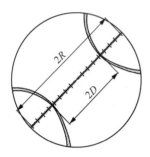

图 8-6　$2R$ 和 $2D$ 测量示意图

（3）测定光轴角（2V）大小。

托比（Tobi）法：已知视域直径 $2D$ 大小与光孔角 2θ 是成正比的，设物镜与矿片之间的介质折射率为 N，视域半径为 R（图 8-6），则

$$R = K \cdot N \cdot \sin\theta \qquad (8\text{-}1)$$

式中，$N \cdot \sin\theta$ 用物镜的数值孔径 $N \cdot A$ 代替，在每个物镜上都标有 $N \cdot A$ 值。则

$$R = K \cdot N \cdot A \qquad (8\text{-}2)$$

将 $D = K \cdot N_m \cdot \sin V$ 除以式（8-2），得

$$D/R = (N_m \cdot \sin V)/(N \cdot A)$$

即　　　　　　　$$\sin V = (D \cdot N \cdot A)/(R \cdot N_m) \qquad (8\text{-}3)$$

只要测得视域直径 $2R$ 和两光轴出露点之间的距离 $2D$，根据公式（8-3）即可计算出矿物的 2V 值。

托比法虽然避免了马拉德常数 K 的测定，但仍然有 D 和 N_m 的取值准确度和精度问题，如果二者误差较大，准确度差，则计算出的 2V 值误差更大，准确度也更差。

普通偏光显微镜测定矿物 2V 的方法还有其他几种，都要求切面严格的定向和 N_m 取值精确，都不如费氏台法操作简便、测定准确。因此，如果要用 2V 值来确定矿物的种属和结构状态等，建议最好用费氏台法测定 2V。

在一般晶体光学鉴定中，可根据两 OA 出露点之间的距离大致估计出 2V 的大小。在一般鉴定中，通常是用数值孔径 $N \cdot A$ 为 0.65 的物镜（40×）观察干涉图，绝大多数造岩矿物和宝石的 N_m 都在 1.50～1.80 之间，根据托比法中的公式（8-3）计算，2V 与 2D/2R，N_m 之间的关系如表 8-1 所列。从表中可以看出，当垂直 Bxa 切面干涉图中两 OA 出露点之间的距离占视域直径 1/4 时，2V＝10°～12°，即 11°左右；占 1/2 时，2V＝21°～25°，即 23°左右；占 3/4 时，2V＝31°～38°，即 35°左右；当两 OA 出露点紧靠视域边缘时，2V＝43°～51°，即 45°左右。如果粗略估计：正高突起以下矿物，两光轴出露点之间的距离占视域直径 3/5 以上，2V

中等;占 3/5 以下,2V 小;正高突起以上矿物,两 OA 出露点之间距离占视域直径 3/4 以上,2V 中等;占 3/4 以下,2V 小。

表 8-1　$N \cdot A = 0.65$ 时,$2V$ 与 $2D/2R$,N_m 之间的关系

2D/2R	N_m			
	1.50	1.60	1.70	1.80
1.00	51°	48°	45°	43°
0.75	38°	35°	33°	31°
0.60	30°	28°	26°	25°
0.50	25°	23°	22°	21°
0.25	12°	12°	11°	10°

三、二轴晶垂直 OA 切面的干涉图

1. 干涉图的类型及其特点

二轴晶有两根光轴,当切面垂直一根光轴时,自然与另一根光轴斜交。二轴晶垂直 OA 切面的干涉图是垂直 Bxa 切面干涉图的一部分,主要有三种类型。

(1) 二轴晶垂直 OA 切面干涉图的第一种类型是视域中只有一个 OA 出露点并与十字丝交点重合,另一个 OA 出露点和 Bxa 出露点都位于视域之外(2V 中等偏大至大)。0°位时,视域中只见有一个直的黑带和以十字丝交点为中心的卵形干涉色圈(见附录二图Ⅵ-5),矿物最大双折射率很小时,不出现红干涉色圈。旋转物台,黑带由直变弯,45°位时黑带弯曲度最大,顶点与十字丝交点重合,曲线突向 Bxa 出露点,光轴面迹线与 PP,AA 呈 45°交角(见附录二图Ⅵ-6)。90°位时,黑带又变直,与 0°位不同的是黑带与另一十字丝重合。135°位时黑带又变得最弯,干涉色与 45°位时类似,仅方位相差 90°。黑带弯、直变化始终以十字丝交点(OA 出露点)为旋转中心[图 8-7(a)]。

(2) 二轴晶垂直 OA 切面干涉图的第二种类型也是视域内只有一个 OA 出露点(与十字丝交点重合),另一个 OA 出露点在视域外,但 Bxa 出露点在视域内(2V 中等偏小)。过 OA 出露点(十字丝交点)的黑带的弯、直变化规律同上所述。0°,90°位时,另一个黑带进入视域与变直的黑带组成黑十字,黑十字交点即 Bxa 出露点[图 8-7(b)]。

(3) 二轴晶垂直 OA 切面干涉图的第三种类型是两个 OA 出露点和 Bxa 出露点都在视域内,其中一个 OA 出露点与十字丝交点重合(2V 较小时)。这种干涉图相当于切面法线与 Bxa 交角很小的切面干涉图,其干涉图特征类似于垂直 Bxa 切面干涉图,只是不像垂直 Bxa 切面干涉图那样对称而已[图 8-7(c)]。

2. 干涉图的应用

(1) 确定轴性和切面方位。

二轴晶垂直 OA 切面干涉图的第一种类型在 0°位,与一轴晶斜交 OA 切面(交角较大,OA 出露点在视域外)干涉图有相似之处,都有平行十字丝的黑带,区别在于旋转物台时前

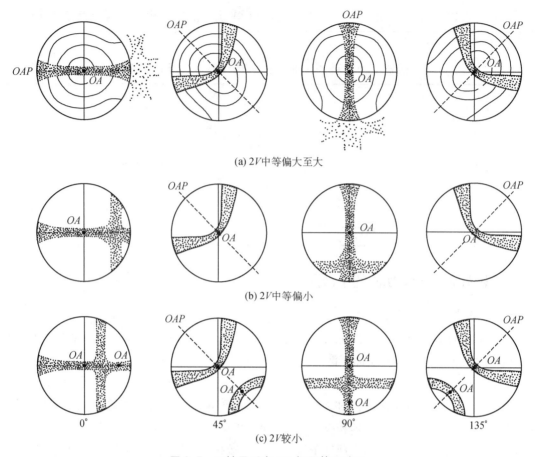

(a) 2V中等偏大至大

(b) 2V中等偏小

0°　　　　　45°　　　　　90°　　　　　135°

(c) 2V较小

图 8-7　二轴晶垂直 OA 切面的干涉图

者黑带以十字丝交点为旋转中心发生弯曲,并不退出视域,而后者黑带平移退出视域。

　　二轴晶垂直 OA 切面干涉图的第二种类型在 0°位、90°位,与一轴晶斜交 OA 切面、交角较小、OA 出露点在视域内的干涉图有相似之处,都有一个黑十字。其区别在于:旋转物台时,前者黑十字发生分裂,一条黑带退出视域,另一条黑带以十字丝交点为旋转点变弯曲;而后者黑十字不发生分裂,绕十字丝交点作圆周运动。

　　二轴晶垂直 OA 切面干涉图的第三种类型,与二轴晶斜交 Bxa 但法线与 Bxa 交角不大的切面的干涉图有类似之处。其区别在于:前者有一个 OA 出露点与十字丝交点重合;而后者两个 OA 出露点都不与十字丝交点重合。

　　见到二轴晶垂直 OA 切面干涉图的任一种类型,即可确定该矿物属二轴晶,切面方位为垂直一个 OA。

　　(2) 测定矿物光性符号。

　　利用二轴晶垂直 OA 切面的干涉图测定矿物光性符号,必须在 45°位或 135°位干涉图上进行。首先要弄清光率体要素在干涉图中的分布方向。45°位时,黑带弯曲度最大,黑带的顶点即 OA 出露点,它与十字丝交点重合;过 OA 的 45°线即光轴面的迹线,与之垂直的方向为 N_m 方向;由于黑带是凸向 Bxa 出露方向的,则在 OAP 迹线上,黑带凹方为 Bxa 投影方向,黑带凸方为Bxo投影方向[图8-8(a)]。然后插入试板,根据干涉色升降判断Bxa方向是N_g还是N_p,即可确定矿物的光性符号。如图8-8(b)所示,插入试板后,原消光带凸方干涉色升高,表明N_m方向为长半径,Bxo方向为短半径,即为N_p;原消光带凹方干涉色降低,表明N_m方向为短半径,Bxa方向为长半径,即为N_g。由上可知,矿物光性符号为正。

而如图8-8(c)所示,插入试板后,干涉色升降结果与图8-8(b)相反,即原消光带凹方干涉色升高,凸方干涉色降低,表明Bxa方向为N_p,Bxo方向为N_g,则矿物光性符号为负。

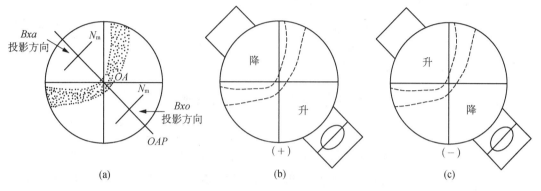

图8-8 二轴晶垂直OA切面干涉图上光率体要素的分布及矿物光性符号的测定

(3)估计$2V$值的大小。

二轴晶垂直OA切面的45°位干涉图中的黑带弯曲度与$2V$的大小有关,$2V$越大,黑带弯曲度越小。$2V=90°$时,黑带为一直带,与PP,AA成45°交角。$2V=0°$时,黑带弯曲成直角,实际上就是一轴晶,即两条黑带相交成黑十字(图8-9)。理论上,0°到90°之间可分成90等份,每一等份相当于1°,能根据黑带的弯曲度估计出$2V$在0°~90°之间的任何值。但实际上,在八分之一圆周的一小段圆弧上,肉眼难以划分出90等份。而且,严格垂直OA的切面极少见,因而用斜交OA切面干涉图中黑带的弯曲度估计$2V$值会造成很大误差。因此,一般情况下只估计出光轴角小($2V=0°$~30°)、光轴角中等($2V=30°$~60°)、光轴角大($2V=60°$~90°)即可。当$2V$较小时,另一条黑带也进入视域内,但一定要根据有OA出露点且与十字丝交点重合的黑带弯曲度进行$2V$值估计。

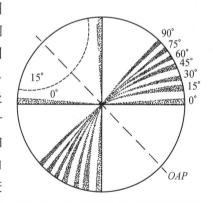

图8-9 二轴晶垂直OA切面的干涉图

四、二轴晶平行OAP切面的干涉图

1. 图像特征

二轴晶平行OAP切面的干涉图与一轴晶平行OA切面的干涉图类似,也为闪图或瞬变干涉图。0°位为粗大模糊的黑十字,稍转物台,黑十字即从中心开始分裂成两条弯曲的黑带,转物台10°左右,黑带完全退出视域。45°位干涉色最亮,且呈对称分布:一对对顶象限,

由中部向外,干涉色降低,另一对对顶象限,由中部向外,干涉色升高,干涉色升降幅度不大,一般边缘相对中部升降 $1\sim2$ 个色序(图 8-10)。

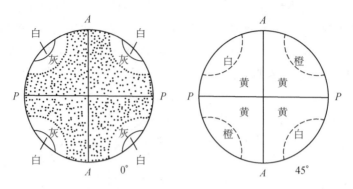

图 8-10 二轴晶平行 OA 切面的干涉图

2. 干涉图的成因

二轴晶平行 OAP 切面波向图如图 8-11(a)所示。$0°$ 位时,即 Bxa,Bxo 分别与 PP,AA 一致时,大部分区域处于消光位和近于消光位,形成粗大黑十字,仅四个象限的边缘区域,光率体椭圆半径与 PP,AA 稍微斜交,出现灰干涉色。$45°$ 位时,整个视域光率体椭圆半径与 PP,AA 成 $45°$ 交角或近 $45°$ 交角,干涉色最亮。如图 8-11(b)所示,正光性光率体:沿 Bxa 方向由中心到边缘,双折射率的变化趋势是 $(N_g-N_p)\rightarrow(N_g'-N_p)\rightarrow(N_m-N_p)$;沿 Bxo 方向,由中心到边缘,双折射率的变化趋势是 $(N_g-N_p)\rightarrow(N_g-N_p')\rightarrow(N_g-N_m)$;无论是沿 Bxa 方向还是沿 Bxo 方向,从中心到边缘双折射率都是变小的。但由于二轴晶正光性矿物当 $2V$ 不接近 $90°$ 时,$(N_g-N_m)>(N_m-N_p)$,沿 Bxa 方向的双折射率降低幅度 (N_g-N_m) 大,而沿 Bxo 方向的双折射率降低幅度 (N_m-N_p') 小。而负光性矿物[图 8-11(c)]:沿 Bxa 方向由中心向外,双折射率的变化趋势是 $(N_g-N_p)\rightarrow(N_g-N_p')\rightarrow(N_g-N_m)$;沿 Bxo 方向由中心向外,双折射率的变化趋势是 $(N_g-N_p)\rightarrow(N_g'-N_p)\rightarrow(N_m-N_p)$。由于负光性矿物当 $2V$ 不接近 $90°$ 时,一般是 $(N_g-N_m)<(N_m-N_p)$,同样是沿 Bxa 方向的双折射率降低幅度 (N_m-N_p) 大,沿 Bxo 方向双折射率降低幅度 (N_g-N_m) 小。同时,由中心向外,光线通过矿片的距离是逐渐增加的。沿 Bxa 方向双折射率降低幅度大,通过矿片距离

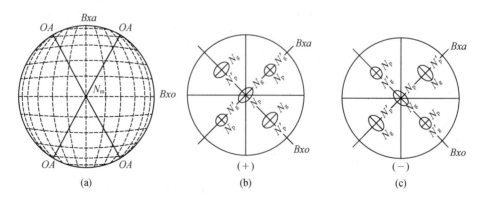

图 8-11 二轴晶平行 OAP 切面波向图及其干涉图中光率体椭圆半径的变化

的增大引起的干涉色升高不足以抵消双折射率减低而引起的干涉色降低,因此干涉色仍然是降低的,但由于抵消了一部分,干涉色降低的幅度不大。沿 Bxo 方向,双折射率降低的幅度小,通过矿片距离的加大引起的干涉色升高超过了双折射率降低引起干涉色降低,使总的干涉色逐渐升高,但由于被双折射率的降低抵消了一部分,干涉色升高的幅度也不大。

3. 干涉图的应用

二轴晶平行 OAP 切面的干涉图与一轴晶平行 OA 切面的干涉图都是闪图,单凭这种干涉图不能区分轴性。当轴性已知时,闪图有如下用途。

(1)确定切面方向。

二轴晶平行 OAP 切面在矿物鉴定中是一个非常重要的切面,许多光学性质要在该切面上测定。判断切面是否平行 OAP ,除了单偏光镜和正交偏光镜下的特征外,锥偏光镜下的重要特征就是干涉图为闪图。闪图闪得越快,即黑十字分裂成的两条黑带退出视域所需旋转物台的角度越小,45°位干涉色分布越对称,则表示切面越接近平行 OAP 。

(2)测定矿物光性符号。

矿物光性符号的测定必须在45°位(或135°位)的干涉图上进行。首先要确定 Bxa , Bxo 的位置或方向。确定 Bxa , Bxo 的位置或方向有两种方法,一种是根据干涉图中干涉色的对称性确定,当矿物最高干涉色较高,干涉图中干涉色出现数个色序时采用该法。确定的方法是:干涉色由中部向外降低的两个象限的连线为 Bxa 方向;干涉色由中部向外升高的两个象限的连线为 Bxo 方向[图8-12(a)]。然后加入试板,根据干涉色的升降判断 Bxa 方向是光率体椭圆的长半径还是短半径。因为平行 OAP 切面的光率体椭圆半径是 N_g 和 N_p ,若 Bxa 方向是长半径,即 $Bxa = N_g$,则矿物光性符号为正[图8-12(b)];若 Bxa 方向是短半径,即 $Bxa = N_p$,则矿物光性符号为负[图8-12(c)]。

确定 Bxa , Bxo 的位置或方向的另一种方法是,根据0°位干涉图旋转物台时黑十字退出视域的方向确定。

与一轴晶平行 OA 切面干涉图类似,0°位干涉图为粗大黑十字,几乎占满整个视域。稍转物台,黑十字从中心开始分裂、逃出视域。转物台12°~15°,黑十字完全退出视域,黑十字退出的方向即 Bxa 方向。转物台45°, Bxa 方向与十字丝成45°交角。

确定 Bxa , Bxo 的位置或方向后,加入试板,根据干涉色升降判断 Bxa , Bxo 相对大小,再根据 Bxa , Bxo 相对大小确定矿物光性符号。

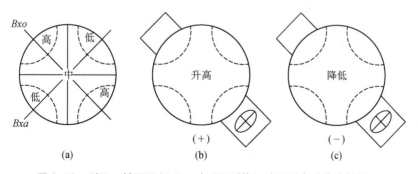

图8-12　利用二轴晶平行 OAP 切面45°位干涉图测定矿物光性符号

五、二轴晶垂直 *Bxo* 切面的干涉图

1. 图像特征及成因

垂直 *Bxo* 切面的干涉图与垂直 *Bxa* 切面的干涉图无论在图像特征上还是在成因上都有相似之处。垂直 *Bxo* 切面的干涉图中，两个 *OA* 出露点相距较远，位于视域之外，因此垂直 *Bxo* 切面的干涉图相当于垂直 *Bxa* 切面干涉图的中心部分[图 8-13(a)]。

垂直 *Bxo* 切面的干涉图，0°位时为一较粗大黑十字，与垂直 *Bxa* 切面 0°位干涉图相比，其黑十字更粗大模糊些，但比闪图 0°位的黑十字要瘦小。该黑十字一粗一细，四个象限的边缘出现灰白干涉色，矿物最大双折射率较大时，还可出现稀疏、不封闭的干涉色圈[图 8-13(a)]。

旋转物台，黑十字从中心分裂成两条弯曲黑带，退出视域[图 8-13(b)]。45°位时干涉色最亮，干涉图相当于垂直 *Bxa* 切面的干涉图 45°位的中心部分。矿物最大双折射率较小时，干涉色圈少而不明显，难以分辨 N_m 和 *OAP* 迹线方向。矿物最大双折射率较大时，出现明显的不封闭干涉色圈，干涉色对称分布：在 *OAP* 迹线方向，由中心向外干涉色逐渐降低；沿 N_m 方向，由中心向外干涉色逐渐升高。由于 N_m 方向垂直"∞"字形干涉色圈的腰部，因此干涉色圈沿 N_m 方向较密[图 8-13(c)]。

矿物 2V 较大时，2V 与两个光轴所夹钝角相近，无论是垂直 *Bxo* 切面的干涉图，还是垂直 *Bxa* 切面的干涉图，两 *OA* 出露点都位于视域之外，两种干涉图特征相似而难以区分。矿物 2V 很小时，垂直 *Bxo* 切面干涉图中，两个 *OA* 出露点相距很远，远离视域，0°位黑十字更粗大，旋转物台时黑十字分裂成两条黑带退出视域的速度更快，该干涉图与闪图难以区分。

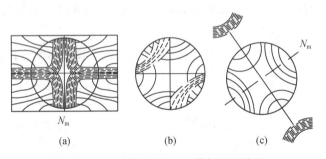

图 8-13　二轴晶垂直 *Bxo* 的切面干涉图

2. 干涉图的应用

（1）确定矿物的轴性。

矿物 2V 不是很小时，垂直 *Bxo* 切面干涉图与一轴晶垂直 *OA* 切面干涉图的区别是旋转物台时，前者黑十字分裂，后者黑十字不分裂；与闪图的区别是前者 0°位时黑十字一粗一细，而闪图的两个黑带都较粗，几乎占满整个视域。矿物 2V 很小时，垂直 *Bxo* 切面干涉图与闪图难以区分，不能用以确定轴性。

（2）确定切面方向。

2V 很大时，垂直 *Bxo* 切面的干涉图与垂直 *Bxa* 切面的干涉图难以区分，2V 很小时又与闪图难以区分，这两种情况下都难以确定切面方向。2V 中等时，垂直 *Bxo* 切面的干涉图

与一轴晶垂直 OA 切面的干涉图、二轴晶垂直 Bxa 切面的干涉图及与闪图都有明显区别。

（3）确定矿物的光性符号。

当矿物最大双折射率较大时，垂直 Bxo 切面干涉图可用于测定矿物光性符号。45°位干涉图，干涉色对称分布，干涉色由中部向外降低的两象限连线即 OAP 迹线，亦即 Bxa 方向，与之垂直的方向为 N_m 方向［图8-14(a)］。加入试板，根据干涉色的升降判断 Bxa 方向是 N_g 还是 N_p，随即可确定出矿物的光性符号。如图8-14(b)所示，加入试板后，根据中部干涉色升高判断出 N_m 为长半径，Bxa 为短半径，即 $Bxa=N_p$，所以矿物光性符号为负。图8-14(c)所示 $Bxa=N_g$，矿物光性符号为正。

矿物最大双折射率较低时，45°位干涉图的干涉色圈不明显，难以判别 N_m，Bxa 方向，只能用两个黑带退出视域的方向来确定 Bxa 方向，而黑带退出视域的方向又难以观察准确，因此，在这种情况下最好改用其他方向的切面测定矿物的光性符号。

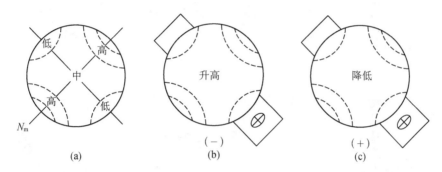

图8-14　利用二轴晶垂直 Bxo 切面45°位干涉图测定矿物光性符号

六、二轴晶平行一个主轴切面的干涉图

以上所述切面，除垂直 OA 切面外，均为垂直主轴的切面，如垂直 Bxa，Bxo 的切面为垂直 N_g（或 N_p）的切面，平行 OAP 的切面为垂直 N_m 的切面。

平行一个主轴的切面，在晶体光学中也是有重要鉴定意义的切面。如上述垂直 OA 切面，是平行 N_m 且垂直 OA 的特殊切面。垂直 Bxa 切面，对于正光性矿物，是垂直 N_g 且平行 N_m（也平行 N_p）的特殊切面；对于负光性矿物，是垂直 N_p 且平行 N_m（也平行 N_g）的特殊切面。这些切面在晶体光学中都具有非常重要的鉴定意义。这里所说的平行一个主轴的切面，是指除上述切面以外的其他切面，这类切面比上述切面出现的概率更大。

平行一个主轴的切面的干涉图，其重要特征是当该主轴与十字丝之一的方向一致时（正交偏光镜下消光），视域中出现一条平直的黑带，该黑带与另一十字丝一致。旋转物台，黑带弯曲，黑带退出视域或不退出视域。图8-15(a)所示为平行 N_m 且切面法线与 Bxa 交角不大的切面的干涉图。当一个黑带与十字丝一致时，则垂直该黑带的另一十字丝方向即 N_m 方向。图8-15(b)所示为平行 N_m 且切面法线与 OA 交角不大的切面的干涉图，旋转物台，黑带由直变弯，但不退出视域。图8-15(c)所示为平行 N_m 且切面法线与 OA 交角较大的切面的干涉图，OA 出露点在视域之外，旋转物台，黑带由直变弯并退出视域。上述三者的共同特点是,当黑带与十字丝之一一致时,垂直黑带的另一十字丝方向即 N_m 方向。同样,平行 N_g 或平行 N_p 切面的干涉图中,当黑带与十字丝之一一致时,另一十字丝方向即 N_g 或 N_p 方向。

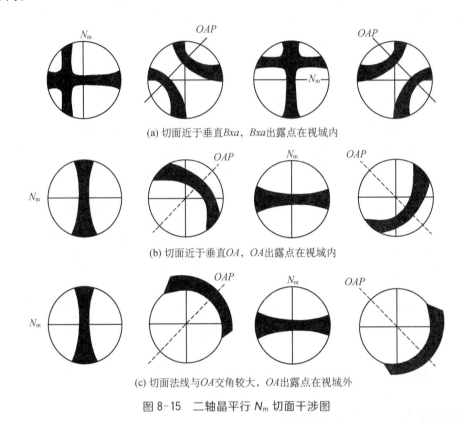

(a) 切面近于垂直 Bxa,Bxa 出露点在视域内

(b) 切面近于垂直 OA,OA 出露点在视域内

(c) 切面法线与 OA 交角较大,OA 出露点在视域外

图 8-15　二轴晶平行 N_m 切面干涉图

平行一个主轴的切面有三个用途:一是用以确定轴性,它们与一轴晶干涉图有明显不同的特征;二是用以确定矿物的光性符号;三是用以确定某一主轴的方向,以便测定该方向的光学性质。

七、二轴晶斜交主轴切面的干涉图

斜交主轴的切面是指既不垂直任何主轴,也不平行任何主轴的切面,是上述五类切面以外的切面。该类切面出现的概率最大。

斜交主轴切面的干涉图特征,是随切面的方位不同而异的。其中,一部分切面近于垂直 Bxa、近于垂直 OA(图 8-16)和近于平行 OAP,其干涉图也分别相应类似于垂直 Bxa、垂直 OA 及平行 OAP 切面的干涉图,这类切面干涉图也可用于确定矿物轴性和测定矿物光性符号。其余的切面,其干涉图特征难以辨别,但只要不属于前述五类切面干涉图及近于垂直 OA、近于垂直 Bxa、近于平行 OAP 的切面干涉图,即可大致判断它们是属于斜交主轴切面的干涉图,这类切面在矿物鉴定中没有重要意义,对这类干涉图,初学者没有必要花很多精力去掌握它。

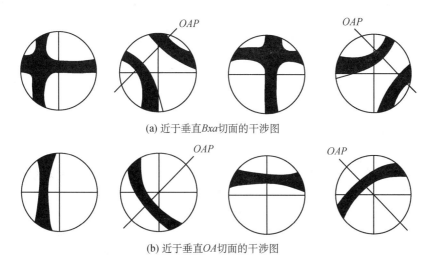

(a) 近于垂直 *Bxa* 切面的干涉图

(b) 近于垂直 *OA* 切面的干涉图

图 8-16　二轴晶斜交一个主轴切面的干涉图

八、二轴晶干涉图色散观察

折射率色散,会引起光率体色散。一轴晶矿物光性方位 N_e(OA) 与高次对称轴一致。一轴晶的光率体色散只改变光率体的形态,而矿物的光性方位和各色光的 OA 方向并不发生改变。色散较强的一轴晶矿物,垂直 OA 切面的干涉图中,黑十字仍然是黑十字,不会出现色边,但四个象限的干涉色会因锥偏光下的各色光的光率体椭圆切面形态不同而出现异常。因此,若四个象限出现异常干涉色的一轴晶干涉图,则表明该矿物色散较强。

色散较强的二轴晶矿物,其干涉图中不仅干涉色会出现异常,而且原来的消光黑带会呈彩色带。干涉图色散特征在垂直 *Bxa* 切面干涉图处于 45°位时表现最为明显,且随矿物的对称类型而异。

九、实验内容

(1) 观察白云母(厚)垂直 *Bxa* 切面干涉图,作出素描图,并图示光性正负的测定(注明所用试板及干涉色的变化)。

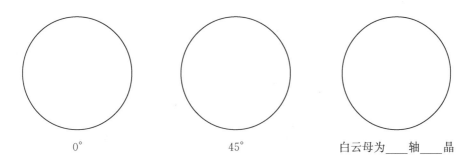

0°　　　　　　　45°　　　　　　白云母为____轴____晶

(2) 观察黑云母垂直 *Bxa* 切面干涉图,测定其光性正负及光轴角大小。

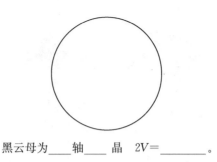

黑云母为____轴____晶　2V＝_____。

（3）观察纯橄榄石薄片，寻找垂直光轴切片及平行光轴面切面，分别观察干涉图，测定光轴角及光性正负。

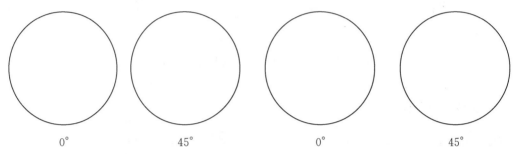

0°　　　　　45°　　　　　0°　　　　　45°

橄榄石垂直光轴切面干涉图橄榄石为___轴___晶　橄榄石平行光轴面切面干涉图用垂直光轴法测得 2V 约为___

十、作业题

（1）二轴晶有几种主要干涉图？图示形象特征及其光性正负的判断。

（2）简述下列概念：光轴（OA）、光轴面（OAP）、光轴角（2V）、锐角等分线（Bxa）、钝角等分线（Bxo）。

（3）如何测定 2V 角的大小？

（4）干涉图中的闪图是何种干涉图？为什么不能用闪图判断轴性？

矿物的系统鉴定

一、实验的目的与要求

（1）学会在薄片中测定矿物颗粒大小及含量百分比的基本方法；

（2）掌握透明矿物薄片系统鉴定的内容与程序。

二、岩石薄片中矿物颗粒大小及含量的测定

颗粒大小用目镜内的微尺进行测量，对于 10 倍的物镜，每一小格为 0.01 mm，整个微标尺 100 小格为 1 mm。矿物成分的百分含量计算，一般采用目估法。目估法是估计视域内某矿物所有颗粒占据视域面积的百分数。对初学者，建议采用在低倍镜下测定各矿物目镜微尺上出现的长度比，一般要测定 6 个以上不同的视域，取平均值来估算各矿物的百分含量。

三、透明矿物薄片系统鉴定的内容与程序

在薄片中应首先区分均质体与非均质体矿物。均质体矿物各方向切面，在正交偏光镜间均为全消光，在锥光镜下无干涉图。非均质体矿物，只有垂直光轴切面在正交偏光镜下全消光，其他方向切面在正交偏光镜下出现四次消光、四次明亮现象，在锥光镜下会产生各种类型的干涉图。

1. 均质体的鉴定程序

在单偏光镜下观察晶形、解理、颜色、突起等级、包裹体特征、次生变化等特征。

2. 非均质体的鉴定程序

（1）在单偏光镜下观察晶形、解理、颜色、突起等级，并测定解理夹角。在正交偏光镜下观察消光类型，如为平行消光，则测定延性符号，观察双晶类型。

（2）选择一个垂直光轴的切面，在锥光镜下，根据干涉图特征确定轴性，测定光性符号。若为二轴晶，估计 $2V$ 大小。若为有色矿物，用这种切面在单偏光镜下观察 N_o（一轴晶）或 N_m（二轴晶）的颜色。

如果薄片中找不到垂直光轴的切面，一轴晶可选一个光轴倾角较小的斜交光轴切面，测定上述光学性质。利用这种切面观察 N_o 颜色时，应先在正交偏光镜下确定 N_o 的方向，并使 N_o 平行于 PP（此时矿片消光）后，推出上偏光镜，观察 N_o 的颜色。二轴晶可以选一个垂直光轴面的斜交光轴切面（光轴倾角不大），测定上述光学性质。利用这种切面测定 N_m 的颜色时，必须先确定 N_m 的方向。该切面干涉图的特征是，当光轴与 AA 或 PP 平行时，直的黑带通过视域中心并平分视域。此时，垂直该直黑带的方向即 N_m 方向。然后，使 N_m

平行于 PP,去掉锥光装置,在单偏光镜下观察 N_m 的颜色。如果不需要观察 N_m 的颜色(如无色矿物),则选择一个光轴倾角不大的任意斜交光轴的切面,代替垂直光轴切面。

(3)对于一轴晶矿物,选择一个平行光轴的切面,在正交偏光镜下测定最高干涉色级序及最大双折射率值。若为有色矿物,使 N_e 平行 PP,在单偏光镜下,观察 N_e 的颜色;转动载物台 $90°$,使 N_o 平行于 PP,观察 N_o 的颜色。同时,观察多色性明显程度、吸收性及闪突起现象,并写出多色性。

(4)对于二轴晶矿物,选择一个平行光轴面的切面,在正交偏光镜下,测定最高干涉色级序、最大双折射率值,若为单斜晶系,且 N_m 平行 y 轴时,可测定消光角大小。还应确定 N_g 与 N_p 的方向。若为有色矿物,使 N_g 平行 PP,在单偏光镜下观察 N_g 的颜色;转动载物台 $90°$,使 N_p 平行 PP 方向,观察 N_p 的颜色。同时观察多色性明显程度、吸收性及闪突起现象。结合垂直光轴切面上观察的 N_m 颜色,写出多色性。

总之,要想系统、准确地鉴定未知矿物,应掌握偏光显微镜的基本操作方法,并在此基础上反复实践。矿物的特征是多方面的,一般不需要面面俱到,只要观察和描述矿物主要鉴定特征,能将矿物区分开来就可以。用偏光显微镜鉴定矿物,应尽可能在单偏光或正交偏光镜下解决问题。只有在测定轴性、光性及估计 $2V$ 大小时,才使用锥光系统观察。在实验中,上述三种光学条件的使用,通常是交叉进行的,尤其在单偏光和正交偏光条件下观察矿物时,常常是反复进行的。系统观察后,查常见透明造岩矿物光性特征表(附录—附表 1-1—附表 1-4),确定矿物类。

四、实验内容

在下列薄片中系统鉴定以下矿物:

(1)纯橄榄岩中橄榄石;

(2)辉长岩中辉石和斜长石;

(3)花岗闪长岩中角闪石和斜长石;

(4)细粒花岗岩中石英、正长石和斜长石;

(5)黑云母花岗岩中黑云母。

实验十

岩浆岩的系统鉴定

一、实验的目的与要求

(1) 学会在薄片中测定岩浆岩矿物颗粒大小及含量百分比的基本方法；

(2) 掌握常见岩浆岩主要类型和矿物组合；

(3) 了解岩浆岩定名规则。

二、岩浆岩的矿物成分

岩浆岩的种类很多，组成岩浆岩的矿物种类也各不相同，最主要的矿物有石英、长石、云母、角闪石、辉石、橄榄石等。根据它们在岩浆岩分类命名中的作用，可分为主要矿物、次要矿物和副矿物。

根据它们在岩浆岩中颜色不同，可分为浅色矿物和暗色矿物。石英、长石中 SiO_2，Al_2O_3 含量高，颜色浅，称浅色矿物；角闪石、辉石、橄榄石中 FeO，MgO 含量高，硅铝含量少，颜色较深，称为暗色矿物。色率是指岩石中暗色矿物的百分含量。按暗色矿物含量多少，岩石可分为浅色、浅中色、深中色、深色。含 SiO_2 多的岩石，浅色矿物多，岩石颜色浅；含 SiO_2 少，Fe、Mg 多的岩石，暗色矿物多，岩石颜色深。

首先分出暗色和浅色矿物两大类，并估计矿物百分含量。然后再根据矿物含量多少分出主要矿物和次要矿物。一般每块岩石有 2～3 种主要矿物，而次要矿物(含量少于 10%)和副矿物，则有些岩石有，有些岩石没有。应分别描述它们的特征，描述项目和顺序为颜色、形状、光泽、透明度、硬度、解理、双晶、颗粒大小、与酸碱反应及百分含量等。但不是每个矿物都必须描述以上这些项目，一般只需给出矿物 1～3 项主要的鉴定特征及颗粒大小、百分含量。对于岩石中的斑晶矿物应作详细的描述，并估计出斑晶和基质的相对含量。

三、岩浆岩的结构

岩浆岩的结构就是指岩石的结晶程度、颗粒大小、形状特征以及这些物质彼此间的相互关系等所反映的特征。

对结构的观察，首先应当指出其结晶程度(全晶质结构、半晶质结构、玻璃质结构)、颗粒的相对大小(等粒结构、不等粒结构、似斑状结构)和绝对大小(粗粒结构＞5 mm，中粒结构 2～5 mm，细粒结构 0.2～2 mm，微粒结构＜0.2 mm 和隐晶质结构)，最后描述颗粒的形状(自形结构、半自形结构、它形结构)。

应特别注意斑状结构和似斑状结构的区别。斑状结构：岩石由两种截然不同的矿物颗粒组成的结构(见附录二图Ⅶ-1)。大颗粒镶嵌在细小的隐晶质(细小结晶质,但肉眼分不清颗粒)或玻璃质的基质上。似斑状结构:岩石由两群大小不同的矿物颗粒组成的结构,大的颗粒称为斑晶,小的颗粒称为基质。似斑状结构与斑状结构同为颗粒较大的斑晶分布于颗粒较小的基质,但斑状结构的基质为隐晶质或玻璃质;而似斑状结构的基质为显晶质,是比斑晶颗粒小的晶体。

交织结构:喷出岩的基质中斜长石微晶呈交织状或半平行排列,称为交织结构;若其中玻璃质含量明显,称玻晶交织结构。因其在安山岩中常见,又称安山结构。

粗面结构:喷出岩的基质中钾长石微晶呈平行排列。

环带结构:在正交偏光下同一个矿物颗粒内不同环带的干涉色和消光方位不一致。这种光性的不一致是由于矿物颗粒内各种组成分子的比例改变所引起的。如斜长石常具环带结构,尤其是中长石环带结构最发育。

暗化边结构:含挥发分的斑晶在上升过程中常发生分解,在晶体边缘形成铁质分解氧化形成的磁铁矿等不透明矿物细粒集合体。

溶蚀结构:主要分布于浅成岩和火山岩中,其特点是早先析出的一些矿物,如橄榄石、石英、透长石等斑晶上有被溶蚀而成的浑圆形或凹入的港湾状边缘。

霏细结构:由粒径<0.02 mm的极细小的长英质纤维等结晶质及部分分散的玻璃质组成,颗粒无晶面和晶棱,显微镜下也难区分矿物界线,常见于酸性火山熔岩中。

球粒结构:由长英质和火山玻璃组成的纤维放射状丛生的球状形成物,构成球粒结构,纤维大多数为负延性,正交偏光间常呈黑十字形消光。球粒形态随结晶温度的降低由扇状、束状变化到圆球状(见附录二图Ⅶ-2)。

文象结构:一种矿物呈一定的外形(楔形、象形文字状等)且有规律地镶嵌在另一矿物中,其中的嵌晶在相当大的范围内同时消光(见附录二图Ⅶ-3)。肉眼可见者称文象结构;只有在显微镜下才可见者称显微文象结构)。钾长石和石英构成的文象结构(包括显微文象结构,以下同)最常见,见于伟晶岩、部分花岗岩、花岗斑岩中。此外,透辉石-镁橄榄石、橄榄石-尖晶石、云母-石英、角闪石-石英、钛铁矿-透辉石等,也可构成文象结构。

蠕虫结构:一种矿物呈蠕虫状、乳滴状或花瓣状,穿插生长在另一矿物中(往往首先从边部开始)且它们多具同一消光位。最常见的是石英在长石(多为斜长石)中呈蠕虫状嵌晶,故有蠕英石之称(见附录二图Ⅶ-4)。其次,白云母中可见长石或石英的蠕虫交生;黑云母中见长石或其他矿物的蠕虫交生以及斜方辉石中磁铁矿的蠕虫交生等。

条纹长石和反条纹长石结构:指钾长石和斜长石(通常是钠长石)有规律的条纹交生。当主晶为钾长石而客晶条纹为斜长石(钠长石为主)时,称条纹长石结构(见附录二图Ⅶ-5)。反之,当主晶为斜长石(钠长石为主)而客晶为钾长石时,称反条纹长石结构。条纹形态多种多样,同一主晶中的条纹同时消光。在中-酸性和碱性火成岩(包括紫苏花岗岩类)中常见。

反应边结构:早结晶的矿物与熔浆反应,当反应不彻底时,在早晶出的矿物外围有新生矿物出现,完全或部分包围了早生成的矿物。常见的是橄榄石外围的斜方辉石的反应边;单斜辉石外的角闪石反应边;甚至出现橄榄石外的辉石反应边,向外又见角闪石反应边。中-基性火成岩特别是辉长岩中常见。

环带结构:具类质同象的同一类矿物,在单偏光镜下为一个晶体外形,由于晶体成长时物化条件的改变,其颜色(对有色矿物而言)、干涉色、消光呈现出环带状的特点。最常见的是斜长石的环带结构(见附录二图Ⅳ-6)。霓石-透辉石、钾长石、角闪石、钙铁榴石-钛榴石等亦较常见。环带结构多见于浅成岩或火山熔岩中。

辉长结构:辉石和斜长石粒度相近,自形程度相同,均呈半自形-他形等轴粒状,分布均匀。该结构是辉长岩、苏长岩的特征结构,是共结条件下的产物。

辉绿结构:先结晶的较自形的斜长石板状晶体搭成的近三角形空隙中充填他形辉石颗粒。辉绿结构是辉绿岩的典型结构。当斜长石、辉石的自形程度及二者之间关系介于辉长结构与辉绿结构之间时,称为辉长-辉绿结构,是辉长岩常见的结构。

间粒结构:又称粒玄结构、粗玄结构,是在较自形的条状斜长石微晶所构成的不规则空隙中充填了细小的辉石、橄榄石和磁铁矿等细小颗粒的一种结构。这种结构反映其是在冷却速度较缓慢的环境下形成。

间隐结构:在小板条状微晶斜长石组成的不规则空隙中充填有隐晶质-玻璃质(有的已脱玻化)。玻璃质增多而使辉石、斜长石和橄榄石等微晶散布于其中的,可称为玻基辉绿结构。反映其是在快速冷却的环境下形成。

填间结构:又称拉玄结构或间粒-间隐结构,其特点是在斜长石微晶所组成的间隙(格架)内既有玻璃质又有辉石和橄榄石及金属矿物;也可以是微晶斜长石粒间充填有沸石、绿泥石、蒙脱石和方解石等矿物。它是玄武岩中常见的结构类型之一。

交织结构和玻晶交织结构:为安山岩中常见的结构,在与玄武岩过渡的玄武安山岩中也较常见。其特点是斜长石微晶呈定向、半定向或交织状排列,其中有少量辉石、橄榄石(向玄武岩过渡)、磁铁矿等微晶分散分布,构成交织结构(见附录二图Ⅶ-6)。如果斜长石间出现较多的玻璃质或隐晶质时,则称为玻晶交织结构,又名安山结构。

粗面结构:由细条状钾长石微晶略呈平行排列,几乎不含玻璃质,为粗面岩的典型结构。

四、岩浆岩构造

岩浆岩的构造是指岩浆岩中各组成部分之间的排列方式和充填方式。构造一般在手标本上观察,岩浆岩常见的构造有:

(1)块状构造。特点是组成岩石的矿物,在整块岩石中分布均匀,岩石各部分在成分上和结构上都是一样的。

(2)斑杂构造。岩石的不同组成部分,在颜色、矿物成分上或结构上差别较大,整体看上去是不均匀的斑斑块块,杂乱无章。

(3)带状构造。表现为颜色或粒度不同的矿物相间排列,成带出现。

(4)球状构造。表现为岩石中分布有球体或椭球体,它是由岩石中矿物围绕某些中心呈同心层状分布而成。

(5)流纹构造。由不同颜色、不同成分的条纹、条带和球状,雏晶定向排列,以及拉长的气孔等表现出来的一种流动构造。

(6)气孔和杏仁构造。当熔岩喷出时,由于压力降低,气体从熔岩中逸出而形成许多圆形、椭圆形或长管形等孔洞,称气孔构造。杏仁构造是指具有气孔构造的岩石,其气孔被矿物质(如方解石、石英、玉髓等)所充填形成的一种形似杏仁状的构造。

对于构造的观察一般只需指出岩石属何种构造即可。

由于岩石的结构、构造特征能反映其形成条件,因此,一般深成岩具全晶质、粗粒等粒结构、块状构造。喷出岩的岩石多具斑状、隐晶质和玻璃质结构以及气孔、杏仁和流纹构造。浅成岩的结构特点介于上述二者之间,一般具细粒、斑状或似斑状结构,但有时仅根据结构很难和喷出岩相区别,常常需要借助于野外产状观察方能鉴别。

五、岩浆岩分类

岩浆岩的分类方法较多,主要是依据产状、矿物成分或 SiO_2 含量、碱度指数或总碱含量、色率等进行划分。1976 年 Streckeisen 在国际地科联火成岩分类学分委会推荐的分类基础上,依据色率 M(暗色矿物含量)$<90\%$ 和 $M>90\%$,将深成岩分为两类,然后再根据矿物相对含量,采用三角分类图(图 10-1,图 10-2);图中 Q 为石英,A 为碱性长石(透长石、正长石、微斜长石、条纹长石以及钙长石分子在 5% 以下的钠长石),P 为斜长石,F 为似长石矿物,包括方沸石、钙霞石、白榴石、霞石、铯榴石、方柱石、钠柱石、钙柱石和方钠石,它们都是含碱性的铝硅酸盐矿物。对主要由橄榄石和辉石组成的岩石,依据橄榄石(Ol)、斜方辉石

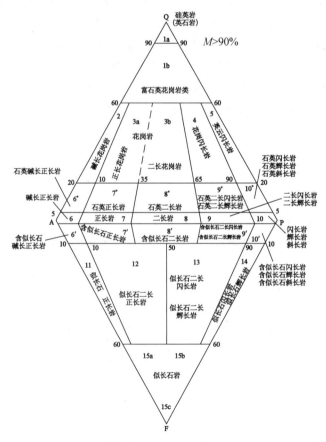

图 10-1 侵入岩的 QAPE 分类双三角图(据 Streckeisen,1976)

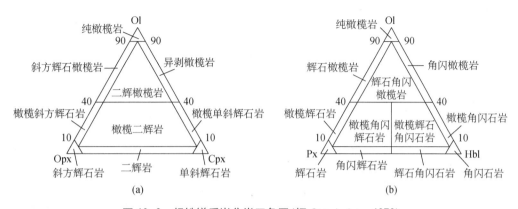

图 10-2 超铁镁质岩分类三角图(据 Streckeisen,1976)

(Opx)和单斜辉石(Cpx)划分[图 10-2(a)];对由橄榄石、辉石和角闪石组成的岩石,依据橄榄石(Ol)、辉石(px)和角闪石(Hbl)划分[图 10-2(b)]。

对肉眼或在显微镜下能识别有斑晶的喷出熔岩,也采用双三角分类(图 10-3);如岩石没有斑晶,可采用化学成分含量 $K_2O + Na_2O\%$ 与 $SiO_2\%$ 分类,本书不作介绍。

本书考虑国际分类以及初学者的使用,尽量介绍简明、扼要、系统、便于掌握的方式,建议采用邱家骧(1985)的分类方案,见表 10-1。对于岩浆成因的碳酸岩,按方解石和白云石的相对含量分为方解石碳酸岩(白云石＜10%)、白云方解碳酸岩(白云石 10%～50%)、方解白云碳酸岩(白云石 50%～90%)和白云石碳酸岩(白云石＞90%)。

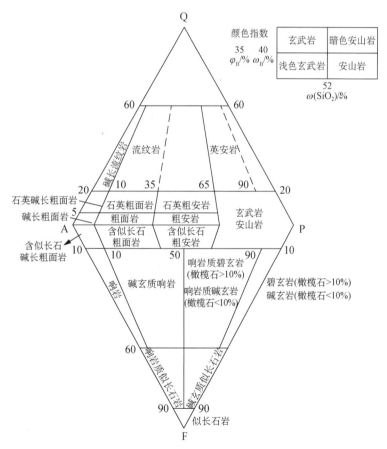

图 10-3 喷出熔岩的 QAPE 分类双三角图(据 Streckeisen,1978)

表 10-1　岩浆岩分类（邱家骧，1985）

项目	超基性岩				基性岩			中性岩			酸性岩	
酸度	超基性岩				基性岩			中性岩			酸性岩	
碱度	钙碱性	碱性	过碱性	（过碱性）	钙碱性	碱性	过碱性	钙碱性	钙碱性-碱性	过碱性	钙碱性	碱性
基本特征	橄榄岩-苦橄岩类	金伯利岩类	霓霞岩-霞石岩类	碳酸岩类	辉长岩-玄武岩类	碱性辉长岩-玄武岩类	碱性辉长岩-玄武岩类	闪长岩-安山岩类	正长岩-粗面岩类/二长岩-粗安岩类	霞石正长岩-响岩类	花岗岩-流纹岩类	花岗岩-流纹岩类
SiO_2（重量%）	38~45	20~38	38~45	<20	45~53			53~66			>66	
K_2O+Na_2O（重量%）					平均3.6	平均4.6	平均7	平均5.5	平均9	平均14	平均6~8	
σ值（碱度指数）	<3.5	>3.5			<3.3	3.3~9	>9	<3.3	3.3~9	>9	<3.3	3.3~9
石英含量（体积%）	不含				不含或少含	不含	不含	<20	不含	不含	>20	
似长石含量（体积%）	不含	不含	含量变化大	可含	不含	不含或少含	>5	不含	不含或少含	5~50	不含	
长石种类及含量	不含		可含少量碱性长石		以基性斜长石为主	以碱性长石及基性斜长石为主，也可有中长石，更长石		中性斜长石为主，可含碱性长石	碱性长石为主，可含中性斜长石	碱性长石	碱性长石及中酸性斜长石	碱性长石
铁镁矿物种类	橄榄石、辉石为主，角闪石次之	橄榄石、透辉石、镁铝榴石、金云母	碱性暗色矿物		辉石为主，可含橄榄石、角闪石	单斜辉石、普通辉石、碱性辉石（含钛普通辉石），橄榄石也较多		角闪石为主，辉石、黑云母次之	碱性辉石、碱性角闪石为主，富铁云母次之	碱性辉石、碱性角闪石、富铁云母为主	黑云母为主，角闪石、辉石少见	碱性角闪石、富铁黑云母为主，碱性辉石少见
色率	>90		30~90		40~90			<15~40			<15	
代表性岩石　深成岩（全晶质中粗粒、似斑状）	橄榄岩、辉石橄榄岩、辉石岩	金伯利岩	霓霞岩、磷霞岩	碳酸岩	辉长岩、苏长岩、斜长岩	碱性辉长岩	碱性辉长岩	闪长岩	正长岩、碱性正长岩	霞石正长岩	花岗岩、花岗闪长岩	碱性花岗岩
浅成岩（全晶质细中粒、斑状）	苦橄玢岩	金伯利岩	霓霞岩、磷霞岩	碳酸岩	辉绿岩、辉绿玢岩	碱性辉绿岩、碱性辉绿玢岩	碱性辉绿岩、碱性辉绿玢岩	闪长玢岩	二长斑岩	正长斑岩	花岗斑岩、花岗闪长斑岩(玢)岩	霓细花岗岩
喷出岩（隐晶质、玻璃质、斑状）	苦橄岩、玻基纯橄岩、科马提岩	玻基辉橄岩、橄榄岩	霞石岩	碳酸熔岩	拉斑玄武岩、高铝玄武岩	碱性玄武岩	碧玄岩、白榴岩	安山岩	粗面岩、碱性粗面岩	响岩	流纹岩、英安岩	碱性流纹岩

注：火山碎屑岩是介于岩浆岩和沉积岩之间的过渡性岩石。

六、岩浆岩鉴定示例

岩石光学显微镜鉴定报告

1. 样品编号:P1(图 10-4)

灰白色,主要矿物有石英、斜长石和正长石,次要矿物有黑云母和铁矿。石英,无色,不规则粒状,Ⅰ级灰白~黄白干涉色,粒径 0.25~4.12 mm,含量 28%;斜长石,无色,板状,聚片双晶,粒径 0.36~1.85 mm,含量 37%;正长石,无色,板状或不规则粒状,表面不干净,粒径 0.42~2.13 mm,含量 26%;黑云母,棕色~浅黄色多色性,片状集合体,片长 0.2~1.0 mm,含量 6%;铁矿,黑色,不透明,不规则粒状,粒径 0.05~0.18 mm,含量 3%。中细粒不等粒结构,块状构造。

定名:黑云母花岗岩。

图 10-4 样品 P1

2. 样品编号:P2(图 10-5)

图 10-5 样品 P2

灰色,斑状结构,斑晶有斜长石、透长石和辉石,基质隐晶质和玻璃质物质。斜长石,无色,长板状,正低突起,聚片双晶,粒径 0.20～1.10 mm,含量 11% 左右;透长石,无色,正低突起,长板状,卡氏双晶,粒径 0.30～0.80 mm,含量 7% 左右;辉石,具淡绿～淡黄～淡红的多色性,短柱状,正高突起,干涉色 Ⅰ 级黄红,平行消光,粒径 0.60～1.20 mm,含量 6% 左右。基质为交织结构(斜长石微晶呈平行或半平行排列,玻璃质微粒分布于其中),含量 76% 左右。块状构造。

定名:玄武岩。

七、实验内容

完成以下岩石薄片鉴定:

(1) 纯橄榄岩;	(2) 辉石岩;	(3) 角闪岩;	(4) 辉长岩;
(5) 辉绿岩;	(6) 辉石闪长岩;	(7) 闪长玢岩;	(8) 安山岩;
(9) 粗面安山岩;	(10) 正长岩;	(11) 粗面岩;	(12) 花岗闪长岩;
(13) 细粒花岗岩;	(14) 黑云母花岗岩;	(15) 花岗斑岩;	(16) 流纹岩。

实验十一

沉积岩的系统鉴定

一、实验的目的与要求

(1) 掌握常见沉积岩主要类型和矿物组合；

(2) 掌握光学显微镜下鉴定，结合手标本肉眼鉴定沉积岩的方法；

(3) 了解沉积岩定名规则。

二、沉积岩的系统鉴定

沉积岩可分为火山碎屑岩、陆源碎屑岩、黏土岩、化学岩及生物化学岩。火山碎屑岩是介于岩浆岩和沉积岩之间的过渡性岩石，应描述碎屑的类型、大小及胶结类型特点；陆源碎屑岩应描述碎屑颗粒的粒度、成分、大小、磨圆度、分选性、胶结物成分和胶结类型；黏土岩的结构应区分泥状结构、含粉砂泥状结构、粉砂泥状结构、含砂泥状结构、砂泥状结构；具有粒屑结构的内源岩应观察与描述其颗粒、胶结物、杂基（合称填隙物）特点。但对于纯化学结晶作用形成的岩石，则主要描述其结晶程度（颗粒大小）、矿物成分等特点。

1. 火山碎屑岩

火山碎屑岩是指由火山作用所产生的各种碎屑物堆积而成的岩石，它是火山熔岩与正常沉积岩之间的过渡类型岩石。因而在物质组成、成岩作用方式、结构、构造和产状等方面都具有两重性。

(1) 物质组成：火山碎屑岩主要由各种火山碎屑所组成，如火山弹、火山砾、火山砂、火山灰等，也含少量陆源碎屑等正常沉积物。因火山碎屑成分复杂，对其分类尚不统一。一般根据其物性特点分为刚性碎屑和塑性碎屑，据其组成和形态又可分为岩屑、晶屑和玻屑（属于刚性碎屑）以及浆屑（属于塑性碎屑）。

① 岩屑：岩石碎屑（包括早先形成的熔岩及火山通道围岩之碎屑），常呈棱角状、边部可见熔蚀现象，一般>2 mm。

② 晶屑：早先析出的矿物碎屑，多呈棱角状，常见有蚀变、熔蚀等现象，裂纹发育。晶屑成分主要为石英、长石、云母等，而辉石、橄榄石少见。

③ 玻屑：由于熔浆骤冷先形成玻璃后又被崩碎而成的碎屑。多呈针状、管状、楔形、鸡骨状（见附录二图Ⅷ-1）等。

④ 浆屑：为塑性碎屑，一般由高黏度的熔浆喷出，尚未凝固时呈炽热可塑状态，堆积时又经变形而成。浆屑由于在塑性状态下破裂，在堆积时又被拉长压扁，故多呈火焰状、树杈状、撕裂状等很不规则的外形（火山弹、火山泥球等也可归于这一类）。

除上述火山碎屑之外,还出现正常的陆源碎屑以及熔岩物质,随着这些物质含量的增高,逐步向沉积岩或熔岩过渡。反映物质组成上的过渡性特点。

(2) 成岩作用方式:火山碎屑岩与侵入岩、熔岩不同,不是结晶成岩的;而是由于温度、压力的骤然变化来不及结晶,因而靠火山碎屑物的堆积、黏结而成岩。其黏结(或胶结)方法有以下 4 种。①熔浆胶结:是靠岩浆本身的温度变化把火山碎屑黏结起来;②压紧固结;③熔结:当黏度大的熔浆发生强烈爆发,形成火山碎屑流,堆积时温度高,火山碎屑靠本身的热量,使表面熔化及上覆物质的负荷压力下变形而熔结在一起;④水化学沉积物、黏土矿物(包括火山灰分解产生的)的黏结。

上述不同的成岩作用方式在不同岩石类型中的反映是不同的,有的表现为岩浆冷凝成岩的特点,有的则主要表现为像沉积岩那样堆积、压紧、胶结成岩的特点。最主要的还是压紧固结的成岩方式。

(3) 结构:火山碎屑岩的结构是指碎屑的类型、大小和胶结类型特点。火山碎屑岩常见结构为碎屑结构,它由火山碎屑与胶结物所组成。碎屑结构又以其粒度可分为三个类型。①火山集块结构:碎屑粒径＞64 mm 的集块含量＞1/5;②火山角砾结构:碎屑粒径 2～64 mm 的角砾含量＞1/3;③火山凝灰结构:碎屑粒径＜2 mm 的凝灰质含量＞2/3。

胶结物的成分可分为熔岩质的、黏土质的和水化学物质的等。胶结类型也是不同的,熔岩以黏结为主,晶屑和岩屑则以压紧固结为主,浆屑则以熔结为特点,也有水化学胶结的。

在火山凝灰结构中,可以根据碎屑性质来确定结构类型,如以晶屑和火山凝灰质为主的,可以定为晶屑凝灰结构;以玻屑为主的,则可定为玻屑凝灰结构;而以浆屑为主的,则是熔结凝灰结构。熔结凝灰结构是熔结火山碎屑岩类的特征结构。其碎屑主要由浆屑所组成,玻屑也可以占一定的量。碎屑之间没有次生的外来胶结物,而是靠火山碎屑堆积当时所具有的高温来黏结,就像金属焊接一样。有时出现少量晶屑及岩屑。当碎屑中火山砾量＞1/3 时,则可变为熔结凝灰结构。

(4) 构造:常见构造有似层状、层状、角砾斑杂和假流纹构造。假流纹构造是熔结火山碎屑岩所特有的构造,是由以浆屑为主的火山碎屑在堆积成岩时被压扁拉长而具定向排列所形成的。它并不是岩浆流动所致。

(5) 产状:火山碎屑岩多在火山口附近形成火山锥、火山颈等。也有远离火山口而形成层状体的。它同火山熔岩常常共生而组成统一的火山机构。

火山碎屑岩以火山碎屑的含量和成岩作用方式可分成三大类:火山碎屑熔岩类(向熔岩过渡)、正常火山碎屑岩类和火山沉积岩类(向沉积岩过渡)。

正常火山碎屑岩类根据成岩方式不同又分成三个亚类:熔结火山碎屑岩亚类、(狭义的)火山碎屑岩亚类和层状火山碎屑岩亚类。

火山沉积岩则根据火山碎屑和陆源碎屑的相对含量也分成两个亚类:沉火山碎屑岩亚类和火山碎屑沉积岩亚类。

在每个大类或亚类中进一步分类命名,则主要是以结构为根据的。如××集块岩、××凝灰岩等。具体命名时,火山碎屑的成分和类型也可以参加定名。如安山凝灰岩、流纹质玻屑凝灰岩、粗面质熔结凝灰岩等。这里应该强调的是,晶屑的成分及其矿物组合是至关重要的,因为它们直接反映该类岩石的成分特点。如安山质凝灰岩的"安山质"是由斜长石和角闪石晶屑的出现来确定的。火山碎屑岩的分类及特征见表 11-1。

表 11-1　火山碎屑岩分类表

类别		向熔岩过渡的火山碎屑岩类	正常火山碎屑岩类			向沉积岩过渡的火山碎屑岩类	
亚类		火山碎屑熔岩类	熔结火山碎屑岩亚类	普通火山碎屑岩亚类	层状火山碎屑岩亚类	沉积火山碎屑岩亚类	火山碎屑沉积岩亚类
火山碎屑物相对含量		10%～90%	＞90%	＞90%	＞90%	90%～50%	50%～10%
成岩作用方式		熔浆胶结	熔结状	以压紧胶结为主,也有部分火山灰分解产物胶结	火山灰水解物质胶结及压紧胶结	化学沉积物及黏土物质胶结	
火山碎屑物粒度/mm ＼ 岩石名称 构造		火山碎屑物一般不具定向	具有明显的假流纹构造	层状构造一般不明显	韵律层理及成层构造明显	一般层状构造明显	
＞64 (＞50)	粗 ＞128 (＞100)	集块熔岩	熔结集块岩	集块岩	层状集块岩	沉集块岩	凝灰质砾岩或角砾岩
	细 64～128 (50～100)						
64～2 (50～2)	粗 8～64 (10～50)	角砾熔岩	熔结角砾岩	火山角砾岩	层状火山角砾岩	沉火山角砾岩	
	细 2～8 (2～10)						
＜2	0.062 5～2 (0.05～2)	凝灰熔岩	熔结凝灰岩	凝灰岩	层状凝灰岩	沉凝灰岩	凝灰质砂岩
	0.003 9～0.062 5 (0.005～0.05)						凝灰质粉砂岩
	＜0.003 9 (＜0.005)						凝灰质泥岩
以化学沉积物为主		凝灰质碳酸盐岩、硅质岩等					

注:据孙善平,1978,略修改。

2. 陆源碎屑岩

陆源碎屑岩的结构包括碎屑颗粒结构、胶结物结构、杂基结构以及胶结类型(碎屑颗粒与胶结物、杂基的关系)。

(1) 碎屑颗粒的结构特征。

碎屑颗粒结构包括碎屑颗粒的粒度、碎屑颗粒的形状(圆度、球度和形状)及颗粒的表面特征。

① 碎屑颗粒的粒度鉴定。粒度即碎屑颗粒的大小,常以毫米为单位或 φ 值为单位。根据水力学研究,碎屑颗粒大小不同,其搬运和沉积方式不同,因此常按碎屑颗粒大小分为若干级,称为粒级。砾级>2 mm[巨砾(角砾)>256 mm、卵石 64～256 mm、砾石 2～64 mm];砂级 0.05～2 mm(巨粒 1～2 mm、粗粒 0.5～1 mm、中粒 0.25～0.5 mm、细粒 0.125～0.25 mm、微粒细粒 0.05～0.125 mm);粉砂级 0.005～0.05 mm(粗粒 0.01～0.05 mm、细粒 0.005～0.01 mm);泥级 <0.005 mm 。

a. 粒度大小的判别。粒度指碎屑颗粒的平均直径。如果是近圆形或卵圆形颗粒,则取其平均直径描述;如果是扁圆形砾石,则描述砾石的扁圆直径;如果是长条状砾石,则应描述长轴直径和短轴直径的大小。注意练习用肉眼正确目估颗粒直径大小。大的砾石可用尺直接测量。

b. 分选性的判别。碎屑岩中颗粒均匀程度叫分选性或分选度。分选程度一般分三级:分选好,主要粒级含量>75%;分选中等,主要粒级含量在 50%～75%;分选差,各粒级含量<50%。

c. 粒度分类命名原则。含量大于 50% 的粒级为该岩石主要名称。含量 25%～50% 的粒级命名时在该粒级名称后加"质"字。含量 5%～25% 的粒级命名时在该粒级名称前加"含"字。岩石命名时采用少前多后的复合名称。例如,巨粒砂(1～2 mm)含量占 15%,粗砂(0.5～1 mm)含量占 55%,细砂(0.125～0.25 mm)含量占 30% 的砂岩,其结构命名为含巨粒的细砂质粗砂结构。分选性为中等。

② 碎屑颗粒的形状。主要观察碎屑颗粒的圆度、球度和形态。碎屑颗粒的形状与颗粒本身的性质(晶形、大小、硬度、解理、比重)、搬运方式(滚动、跳跃、悬浮)、搬运距离和搬运时间有关。因此,对颗粒的形状观察是很重要的。

a. 观察碎屑颗粒的圆度。圆度即碎屑颗粒棱角磨蚀和保留程度。一般分为四级:菱角状,碎屑颗粒的棱角均保留;次菱角状,碎屑颗粒的棱角已磨蚀,但仍很明显;次圆状:碎屑颗粒的棱角已磨圆,但仍可见磨圆的棱角;圆状:碎屑颗粒的棱角都已磨圆。一般观察标本和薄片时用比较法目测碎屑颗粒棱角的磨蚀程度,按以上四级分类。

b. 观察碎屑颗粒的球度。球度是指碎屑颗粒接近球体形态的程度,常用颗粒长、中、短三轴长度来确定,如三轴长度近相等则球度好,三轴长度差大则球度差。因颗粒球度不仅决定磨蚀程度,还在很大程度上决定原始形状和晶形。另外,球度和圆度并不完全一致,例如,球度好并不一定圆度也好,晶形好的石榴子石,虽然球度好,但棱角均明显,磨蚀很差仍为棱角状;而相反,磨圆好的扁平砾石,球度却很差。因此,在反映磨蚀程度恢复形成条件中,圆度的意义更大些。

c. 碎屑颗粒的形态。根据三轴比例关系分为四种形态:圆球体、扁球体、椭球体和长扁圆体。描述碎屑颗粒形状时,可综合描述,如该岩石碎屑颗粒磨圆较好,多数颗粒为圆状-次圆状,形态为圆球体和扁球体。

③ 碎屑颗粒的表面特征。观察碎屑颗粒的表面是否光滑、有无刻痕或霜面等,碎屑颗粒的表面特征用肉眼只能在砾石上观察,砂岩的碎屑颗粒表面特征要在电子扫描镜下观察。各种成因的碎屑在其表面上均可留下不同的特征,某些碎屑颗粒表面特征,可帮助恢复形成时的环境,因表面特征除与本身性质有关外,主要与搬运介质性质和搬运方式以及时间、距离有关。

肉眼观察河流砾石、风成砾石和冰川砾石的表面特征:河流砾石表面不太光滑,可见不规律凹坑;风成砾石表面光滑,有沙漠漆、凹坑和皱纹;冰川砾石具窄而直的平直刻痕、丁字形痕,这些擦痕可以是平行的、杂乱的或呈格子状的,另外还可有撞击痕,呈短而宽且粗糙的痕迹。

碎屑颗粒的结构,常用结构成熟度来表示,即指碎屑颗粒磨圆和分选达到终极的程度。如磨圆好、分选好、无杂基说明,则结构成熟度高,反之,则结构成熟度低。

(2) 碎屑颗粒的成分。

碎屑颗粒的成分可分以岩屑、石英碎屑和长石碎屑为主,可肉眼进行初步鉴定,详细准确的鉴定还需要在显微镜下进行。

① 岩屑:主要分布在砾岩和岩屑砂岩中,在薄片中要正确鉴定岩屑类型,主要根据其中的矿物组合和结构,鉴定出岩屑名称。其中,花岗岩、片麻岩、混合花岗岩等岩屑的含量应记入长石端元,硅质岩、石英岩、硅质再生结构石英砂岩等岩屑的含量记入石英端元,而不稳定的火山岩屑、千枚岩、片岩、泥岩、粉砂岩屑等则为岩屑含量,并要指出不同岩屑含量的主次,为分析来源区提供依据。

岩屑要尽量根据矿物组合和结构确定岩屑名称,如花岗岩屑、混合花岗岩屑、花岗片麻岩屑,其矿物组合相似,均由钾长石和石英、少量斜长石及少量黑云母组成,其区别为花岗岩为等粒-中粗粒结构,混合花岗岩具有明显交代现象,如穿孔、蠕虫等,花岗片麻岩具有片麻构造,矿物有拉长定向特点,而且后二者的石英具明显波状消光现象,但有时较老花岗岩也可具波状消光,即需要结合地质情况加以综合鉴定之。硅质岩屑为细晶和隐晶的集合体,干涉色为Ⅰ级灰,单偏光下无色但较脏。石英岩屑为具有拉长的石英嵌晶结构。石英砂岩屑为具有硅质再生胶结的石英砂状结构。石英脉岩屑是由粗粒石英组成的具齿状嵌晶结构。粉砂岩屑由粉砂和黏土矿物组成。泥岩屑由极细黏土矿物组成,常见于其中的水云母小片具Ⅱ级干涉色。火山岩屑可根据其具斑状结构、基质为隐晶质或细晶质来确定。薄片中少数为无色,多数具褐色。根据长石牌号,有无石英、黑云母、辉石和角闪石的出现,可确定火山岩屑类型。千枚岩和片岩可根据绢云母、绿帘石、黑云母等变质矿物和千枚构造、片理构造等鉴定变质岩屑。

② 石英碎屑:主要分布在砂岩和粉砂岩中。石英碎屑在薄片中为无色、透明,不具解理,正低突起,干涉色Ⅰ级灰白,最高Ⅰ级黄。一轴晶、正光性。除以上鉴定特征外,特别要注意观察石英的消光特征和包裹体特征。石英消光现象是有均匀的四明四暗消光,这样的石英碎屑主要来自岩浆岩,而且有波状消光的石英主要来自变质岩和部分岩浆岩,具裂纹状消光的石英来自受压力的母岩。

③ 长石碎屑:主要在粗～中粒砂岩中常见长石类碎屑,出现的长石主要是钾长石,有正

长石和微斜长石,其次为酸性斜长石。中-基性斜长石少见。薄片中长石无色、透明,具二组解理,低突起,正长石和钠长石低于树胶为负低突起,表面比较脏。根据以上特点可与石英区别。各种长石之间的区别主要根据双晶特征。正长石:具卡氏双晶或无双晶,有时可见条纹结构。微斜长石:具有明显的格子双晶。酸性斜长石:具有明显的聚片双晶,可测定消光角确定长石号数,一般酸性斜长石聚片双晶比较窄。长石主要来自花岗岩、花岗片麻岩和混合花岗岩。长石易风化成高岭土,可以根据风化程度,确定来源区风化程度或搬运距离的远近。

④ 云母碎屑:常见的有白云母和黑云母碎屑。白云母在薄片中为无色,具闪突起,片状、一组解理完全,最高干涉色,达Ⅱ级末,近平行消光。黑云母在薄片中为深褐色或浅红褐色,有时为浅绿褐色,具很强的吸收性,解理平行下偏光方向吸收性最强,片状、一组解理完全,干涉色为Ⅱ级。由于水化常降低双折射率。

⑤ 重矿物:重矿物种类很多,常见的有电气石、锆石、磷灰石、绿帘石。

电气石:绿色、黄褐色、蓝绿色、灰黄色,正中高突起,无解理,有裂纹,具强的多色性及吸收性,当 c 轴即纵切面延长方向垂直下偏光时吸收性最强,颜色最深,平行消光,一轴晶,负光性。

锆石:无色或浅褐色。晶形为短柱状或正方双锥,晶体较小,正高突起,平行消光,干涉色为Ⅱ~Ⅲ级蓝、绿、深红色,有时可见环带结构。

磷灰石:无色或浅褐色。晶形为短柱状、粒状,正中突起,干涉色为Ⅰ级灰,平行消光,负延性,一轴晶,负光性。

绿帘石:无色、黄绿色,具弱的多色性,正高突起,干涉色Ⅱ级到Ⅳ级,在一颗粒上可见干涉色很鲜艳而且不均匀。

⑥ 特征矿物:常见特征矿物有海绿石、黄铁矿等。其光学特征如下:

海绿石:浅绿、黄绿、橄榄绿色,具明显的多色性,而呈细小鳞片状集合体者,多色性不明显。正中低突起,最高干涉色可达Ⅱ级,但受本身颜色影响,多数仍为绿色。

黄铁矿:不透明的立方体或呈褐色小方块。

(3) 胶结物和杂基的结构特征。

① 胶结物特征观察。

胶结物是指化学或胶体化学沉淀的自生矿物,分布于碎屑颗粒之间,起胶结作用的物质。胶结物的结构包括胶结物的结晶程度、晶粒大小、排列方式和分布的均匀性等。

按胶结物结晶程度分为三类:非晶质结构,标本见致密状非晶质结构,镜下无光性,呈均质体。如铁质、磷质胶结物的结构;隐晶质结构,胶结物粒度细,肉眼不能分辨,在显微镜下仅有细小颗粒显示光性,无法鉴定光性,如玉髓胶结物;显晶质结构,呈细粒、微粒结构。其中显晶质结构可根据晶体排列方式分为如下结构:

a. 粒状结构:胶结物呈大小不等的他形晶粒镶嵌,排列无方向性。结晶粒度不大于碎屑颗粒。

b. 薄膜结构(带状结构):胶结物围绕碎屑颗粒分布呈薄膜状或似呈条带包围碎屑颗粒。

c. 再生结构(次生加大):胶结物成分与碎屑颗粒成分相同,当胶结物结晶后,其光性与碎屑颗粒的光性一致,呈次生加大的颗粒,如硅质胶结的石英砂岩,石英常呈次生加大的石英。但仍可见原碎屑颗粒的边缘。长石、方解石均可见次生加大现象。

d. 丛生(栉状)结构:胶结物呈纤维状或柱状晶体垂直碎屑颗粒表面生长。

e. 连声(嵌晶)结构:胶结物结晶呈粗大晶体,一个晶体可含一个或两个以上的碎屑颗粒,似碎屑颗粒镶嵌在一个大晶体中,是后生阶段胶结物重结晶形成大晶体所致。

按胶结物的化学成分为钙质、铁质、硅质和磷质等,手标本鉴定特征如下:

a. 硅质:灰白色或乳白色,致密而坚硬,遇盐酸不起泡。

b. 钙质:灰白色或乳白色,硬度小,结晶粗大的可见解理面,滴冷稀盐酸起泡剧烈为方解石;如滴酸不起泡而粉末起泡或热酸起泡者为白云质。常可见连生结构和粒状结构。

c. 铁质:紫红色、红色、褐色,致密坚硬,如已风化为褐铁矿则不坚硬。

d. 磷质:灰色或灰黑色,致密坚硬,相对密度大,准确鉴定需磨薄片或做点磷试验。

光学薄片常见胶结物成分,结构特征如下:

a. 硅质:无色透明,低突起。干涉色Ⅰ级灰。结构特征有隐晶质、显晶粒状、丛生和再生结构等。

b. 钙质:无色透明、具闪突起。干涉色为高级白,发育菱形解理,聚片双晶。结构特征有显晶粒状、丛生、连生结构。

c. 铁质:不透明,呈暗红色。

d. 磷质:无色或呈浅黄色,突起中等,多为胶体非晶质不显光性,有的重结晶,具Ⅰ级灰干涉色。结构为非晶质、隐晶质、薄膜结构等。

② 杂基(基质)结构观察。

杂基是粒度小于0.031 5 mm的非化学沉淀物质。主要是黏土和细粉砂,也有泥屑碳酸盐等。与碎屑一起沉积的称原杂基,黏土颗粒主要为泥粒级的,同时混有细粉砂级石英等碎屑。黏土矿物在成岩后生阶段重结晶形成较粗颗粒称正杂基。另外,有些不是同时沉积的而是后来沉积填充的,或从相邻黏土层挤入的外杂基和假杂基。看原生杂基含量才能反映岩石分选好坏。

(4) 胶结类型观察。

胶结类型是碎屑颗粒与胶结物、杂基之间的量比关系和结合方式。按碎屑颗粒与胶结物、杂基的数量多少和支撑关系分为颗粒支撑和杂基支撑。按结合方式分为基底胶结、孔隙胶结和接触胶结等类型。

① 杂基支撑:杂基含量较多,使碎屑颗粒彼此之间不接触地分散在杂基之中。

② 颗粒支撑:碎屑颗粒之间彼此相接,在其孔隙中可有胶结物胶结,含量较少。呈颗粒支撑的胶结类型有孔隙式胶结和接触式胶结。

a. 孔隙胶结:碎屑颗粒之间孔隙中充满胶结物。其胶结物多为原生的,也有次生的。

b. 接触胶结:胶结物较少,只充填于碎屑颗粒之间的细缝隙中,而碎屑颗粒之间的孔隙中无胶结物,为空洞。此类型可以是原生的,也可能是孔隙胶结类型的,其孔隙中胶结物被解带出。此类岩石不坚固,但孔隙性好。

（5）陆源碎屑岩描述内容及命名原则。

陆源碎屑岩观察和描述内容——岩石的颜色；岩石结构——主要为碎屑结构，重点描述碎屑颗粒的结构（粒度、形状和表面特征）；碎屑颗粒的成分及含量；胶结物成分及结构特征和含量；胶结类型和支撑关系；层理和层面构造类型。

在以上观察和描述的基础上综合命名，原则如下：

砾岩定名原则：颜色＋粒度＋成分＋砾岩，如土黄色中粒燧石砾岩。

砂岩定名原则：颜色＋粒度＋成分＋砂岩，如肉红色粗粒长石砂岩。

粉砂岩定名原则：颜色＋粒度＋成分＋粉砂岩，如灰色细粒石英粉砂岩。

（6）砂岩的分类。

砂岩是陆源碎屑岩中最常见的一类岩石，因此需对其进行更深入的分类。

曾允孚等（1984）先根据杂基的含量将砂岩划分为两大类，即杂基含量少于15％的净砂岩（简称砂岩）和杂基大于15％的杂砂岩。不计杂基含量，砂岩和杂砂岩再依据三端元所代表的碎屑物质组分的相对百分含量用三角图进一步细分为7类岩石（图11-1）。石英端元包括石英、燧石、石英岩和其他硅质岩岩屑。长石端元包括长石以及花岗岩和花岗片麻岩类岩屑。岩屑端元包括除石英端元和长石端元中的岩屑以外的其他岩屑以及碎屑云母和绿泥石。

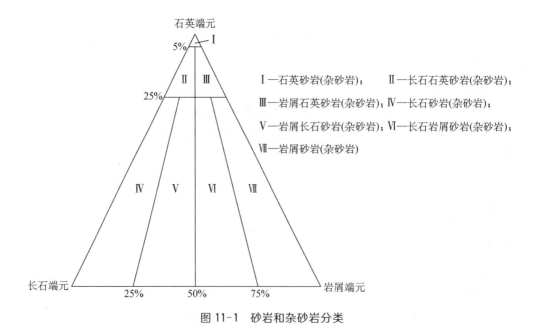

图 11-1　砂岩和杂砂岩分类

3. 黏土岩（泥质岩）

黏土和黏土岩的主要成分为黏土矿物，岩石结构很细，50％以上的粒度小于 0.005 mm。根据以上特征，从手标本和显微镜下确认黏土岩并不困难，但若准确鉴定出是哪一种黏土矿物成分还需采用一系列特殊的鉴定方法，如电子显微法、X 线法、薄膜油浸法、染色法、热分析法。标本鉴定和描述内容如下。

（1）描述岩石的颜色。

黏土岩的颜色是黏土矿物和混入成分以及沉积-后生作用阶段的物理化学环境的反映，描述时要分别描述原生色和次生色，命名时同碎屑岩可用复合名称。

（2）描述黏土岩的粒度结构。

黏土岩的粒度结构按黏土质点、粉砂和砂的相对含量可划分五个类型：泥状结构（黏土＞95％，粉砂＜5％）；含粉砂泥状结构（黏土＞75％，粉砂5％～25％，砂＜5％）；粉砂泥状结构（黏土＞50％，粉砂25％～50％，砂＜5％）；含砂泥状结构（黏土＞70％，粉砂＜5％，砂5％～25％）；砂泥状结构（黏土＞50％，粉砂＜5％，砂25％～50％）。从泥状结构到砂泥状结构，含砂量增加，颗粒变粗，标本鉴定时可根据岩石断口粗细程度来区别。

（3）鉴定和描述黏土矿物成分和混入成分。

黏土矿物由于细小，很难肉眼鉴定，但根据物理性质可以初步鉴定单矿物黏土，常见的如：遇水体积膨胀性质的为蒙脱石（胶岭石），具有强吸水性而表现粘舌头的为高岭石，具鳞片状并呈现丝绢光泽者为水云母，绿～橄榄绿色粒状为海绿石等。

混入物成分可根据其颜色和物理性质来区别，常见混入物有硅质为致密、坚硬；钙质加稀盐酸起泡；铁质为红色或褐色；含有机质为黑色不染手；含碳质为黑色且染手。

（4）描述黏土矿物集合体形态结构。

黏土矿物集合体形态有四种结构：胶状结构，岩石由凝胶老化形成，可见脱水裂隙、贝壳纹以及球颗。豆状结构，岩石中有大于2 mm的豆粒，是由黏土矿物组成，一般无同心圆结构。鲕状结构，由黏土矿物组成的颗粒，小于2 mm，且具同心圆结构，其成分可混有铁质和有机质等。碎屑结构，未固结的黏土，被破碎后又被黏土胶结。

（5）描述黏土岩的构造。

黏土岩常见构造为水平层理构造、层面构造和沿水平层理裂开的页理构造。具页理构造的黏土岩称页岩。不具上述构造的块状构造岩石称泥岩。

（6）命名。

黏土岩命名时要按固结程度和页理发育程度定名为基本名称（泥岩或页岩），再依据颜色和混入物成分命名。名称包括颜色＋混入物成分＋泥岩（页岩），如紫红色砂质泥岩。

4.化学和生物化学岩（内源岩）

组成岩石的沉积物在沉积盆地中通过生物沉积作用和化学沉积作用而形成的，其最原始的物质主要来自陆源溶解物质和生物源，还有少部分来自深源（气热液和深部卤水）。其结构为粒屑结构、结晶（晶粒）结构和生物结构。

（1）粒屑结构的观察与描述。

粒屑结构与陆源碎屑结构相似，也是由颗粒、胶结物、杂基（合称填隙物）组成。现以碳酸盐岩为例观察粒屑结构。

① 颗粒（也称粒屑或异化粒）。

颗粒是在盆地内由化学、生物化学、生物的作用所形成固结或半固结的岩石，或生物体在盆地内由于水的机械作用使其破碎，在原地或短距离搬运沉积而形成的。共分为五种类型。

a.内碎屑：主要是大小不同的碳酸盐岩碎屑，内碎屑的大小反映一定的形成环境，砾屑、砂屑常形成于高能环境,微屑、泥屑多出现于低能环境。实验时应注意观察内碎屑的大小及含量,确定结构类型。

砾屑:大于 2 mm,呈椭圆形或扁圆形,在平面上呈扁平砾石,在纵截面上可见多呈细长竹叶状。

砂屑:0.063～2 mm,呈圆状或椭圆状。

粉屑:0.032～0.063 mm,呈圆粒状。

微屑:0.004～0.032 mm,呈圆粒状。

泥屑:小于 0.004 mm,呈圆粒状。

微屑和泥屑充填于粗颗粒之间时,则称泥晶基质。

b. 生物碎屑(骨屑):是由生物体破碎而形成的,尽管破碎也都具有一定的生物外形和内部构造(见附录二图Ⅷ-2),因此可根据生物特征鉴定种属,加以定名。

c. 包粒:是在水搅动情况下边转动边凝聚而形成的,当其重量大于水的浮力时便沉积,因此一般大小都近相等。包粒按大小可分鲕粒(直径小于 2 mm)和豆粒(直径大于 2 mm)。鲕粒和豆粒内部构造相似,外形为圆状或椭圆状(见附录二图Ⅷ-3)。鲕粒根据生长阶段和内部构造分为原生沉积鲕(真鲕、薄皮鲕、负鲕、复鲕、假鲕),同生变形鲕,成岩后生重结晶鲕(多晶鲕、单晶鲕)。

真鲕:是具同心圆或放射状包壳和核心的鲕。包壳厚度大于核心常为方解石碎屑、石英碎屑、生物碎屑等,包壳由微晶或泥晶方解石组成的同心圈,同心圈多说明形成时能量越高。

薄皮鲕(表面鲕):同心圆壳较薄,有时只 1～2 圈,核心较大,因此包壳厚度小于核半径。

负鲕:核心为空。这种空心鲕可能有两种成因:一是负鲕是以气泡或水滴为核心形成的鲕;另一是负鲕核心是可溶盐,后被溶解淋滤而形成空心的鲕。

复鲕:在包壳中包了两个以上的鲕者称复鲕。

假鲕:外貌与鲕相同,但无同心圆放射状包壳,内部均一者称假鲕。

变形鲕:因受力而改变了圆状形态的鲕,常是在同生或成岩阶段受水流搅动,失水收缩,重结晶膨胀、压固作用等力的影响,使鲕变形而形成的变鲕形,其形态多样。

变晶鲕:在成岩和后生阶段由重结晶作用改变了鲕的内部结构构造,而形成粗大的方解石晶体组成,即为单晶鲕。

d. 球粒(团粒):由泥晶碳酸盐矿物组成的颗粒,一般呈卵圆形,内部结构均一,颗粒大小为 0.02～0.03 mm,根据成因分藻球粒、真球粒、似球粒。

e. 团块:由小生物和小球粒聚合的颗粒、外形不规则。

② 亮晶(淀晶)胶结物。

亮晶胶结物是以化学方式沉淀的碳酸盐矿物,充填于颗粒之间起胶结作用,晶粒常大于 0.01 mm,常存在于颗粒分选好、数量多的岩石中,而且与颗粒间界限清楚,呈突变接触。亮晶之间界面平直。有时可见世代关系。胶结物本身结构同陆源碎屑岩的胶结物结构。

③ 泥晶基质(灰泥)。

泥晶基质相当于陆源碎屑岩的杂基,但它不是陆源的,而是在盆地内形成的细小的碳酸盐矿物碎屑,充填于颗粒间起胶结作用。泥晶基质易重结晶似亮晶胶结物,要注意它们彼此的区别。亮晶胶结物与重结晶的泥晶基质主要区别如下：

a. 亮晶胶结物晶体浑暗，常可见泥晶残余，晶粒间也常有残余的泥晶。

b. 亮晶胶结物晶体间的接触面多是平直的。而泥晶重结晶的晶体之间的接触面是不规则的，多呈锯齿状。

c. 亮晶胶结物晶体可见生成先后的世代关系，常见呈 2～3 个世代结晶，一般第一世代晶体较小，围绕颗粒呈栉状结构的针状或小柱状晶体；第二世代晶体充填于孔洞中呈较大的晶体。如有孔洞还可生长第三、四世代晶体，而泥晶重结的晶体无世代关系。

d. 亮晶胶结物与颗粒之间的接触界限明显清晰，多呈突变接触，不破坏颗粒边界。泥晶重结晶后与颗粒的界限不清，可穿切破坏颗粒边界呈复杂的齿状。

e. 亮晶胶结物充填于颗粒磨圆好、分选好的颗粒支撑的粒间孔隙中间，胶结物少于颗粒含量。重结晶的泥晶含量常多于颗粒。

④ 支撑关系与胶结类型。

支撑关系与陆源碎屑岩相似，分基质支撑和颗粒支撑。胶结类型也可分为基底胶结、孔隙胶结和接触胶结。

（2）结晶结构（晶粒结构）。

结晶结构是岩石由不同结晶程度和大小的晶粒镶嵌的结构。结晶结构的成因可以是沉积、重结晶或交代作用。结晶结构应分别观察和描述结晶程度，如是显晶质应描述晶粒大小、自形程度和晶粒之间的关系。

① 结晶结构按晶粒大小可分为巨晶（>4 mm）、极粗晶（1～4 mm）、粗晶（0.5～1 mm）、中晶（0.25～0.5 mm）、细晶（0.05～0.25 mm）、粉晶（0.03～0.05 mm）、微晶（0.004～0.03 mm）、隐晶（<0.004 mm）结构。

② 观察晶粒的相对大小：是等粒或不等粒或斑状的。

③ 观察结晶的自形程度：是自形、半自形或它形的。

④ 观察晶粒之间界线：是平直的或是弧形的或齿状的。

综合描述结晶结构，如中细粒不等粒半自形晶结构。注意有些结晶结构不都是原生的。重结晶作用形成的结构与原生结构相似，要注意区别。当重结晶作用较完全时，仅根据标本和薄片不易区别，要在野外露头上认真观察。一般可根据以下几点鉴定重结晶结构。

① 重结晶作用形成的晶粒常为不等粒。

② 晶粒较脏，常包裹杂质，或在晶粒边缘有杂质。

③ 如在应力作用下重结晶的，矿物常见定向排列。

④ 常保留残余结构。

⑤ 重结晶作用可破坏原来的构造而呈均一构造。

（3）生物结构（生物骨架结构）。

生物结构是指原地生长的底栖生物和造礁生物所具有的结构，是由生物骨架和生物化学组分组成的，也称生物骨架结构（见附录二图Ⅷ-4）。应描述造架生物的种属及其组构特征；充填于骨架间的附架生物的种属及组构特征；泥晶基质和亮晶胶结物的组构等特征。

（4）交代结构。

交代结构是易溶盐岩中一种矿物被另一种矿物交代而形成的结构,如白云石交代方解石形成白云岩化灰岩。是代表形成环境发生改变而形成的矿物取代关系。可根据以下特征来鉴定。

① 交代矿物与被交代矿物之间的界限常呈齿状,尖端指向被交代矿物。

② 交代矿物常呈较好的晶形,如白云石交代方解石后呈菱形自形晶。

③ 交代矿物有时呈被交代矿物的晶形,称假晶,是交代原矿物而形成的。

④ 交代新生成的矿物中常保留有被交代矿物的残余。

在鉴定交代结构时要注意观察上述特征,查明交代与被交代的关系。还要注意交代的次数和顺序,为了解沉积岩形成的沉积、成岩、后生各作用历史提供依据。

(5) 碳酸盐岩石类型鉴定。

首先应对标本进行观察,从宏观上鉴定岩石的颜色、成分、结构和构造。然后在显微镜下鉴定岩石薄片,详细鉴定成分、结构和构造以及成岩后生变化等。标本和薄片鉴定是相辅相成的,互相补充以便正确定名,为分析形成提供重要依据。

① 鉴定和描述岩石的颜色。

岩石颜色描述时其方法同陆源碎屑,要分清新鲜面颜色和风化面颜色,因为颜色反映组成物质成分、形成环境以及后生变化等,描述可采用复合色如灰白色、黑灰色等,主要颜色放后、次要颜色放前。

② 鉴定和描述组成成分。

a. 鉴定碳酸盐矿物的种类和含量。碳酸盐矿物的种类和含量是岩石定名基础,碳酸盐矿物较多,但常见的矿物为方解石和白云石,其特征相似,鉴定时可根据以下几点加以区别:加冷稀盐酸起泡程度;晶形及其内部构造;双晶带与菱形解理对角线关系;茜素红染色反应等。对于粉晶、微晶和隐晶的方解石或白云石集合体,在光学显微镜下为不规则粒状,基本见不到晶带或解理,但在正交偏光下,白云石微晶集合体具有"雾心亮边"特征,即颗粒集合体中心部位有云雾状的感觉,而边缘看得很清楚;如是方解石微晶集合体,则中心和边缘一样清晰。然后根据含量确定岩石成分名称(表 11-2),如灰岩、白云岩及其一系列过渡岩石名称。

b. 鉴定岩石中黏土矿物的含量。碳酸盐岩中经常混有黏土矿物,其含量的多少影响岩石成分和定名。要获得准确的含量通常是做不溶解残余测定,即用 10% 的盐酸溶解样品得到不溶解的黏土后称重,计算百分含量。标本可以根据岩石致密细腻程度和滴酸后留下泥痕程度来鉴定,起泡越弱并留泥痕越明显说明岩石含泥越多。根据含泥质的多少定岩石名称时参见表 11-2。

c. 鉴定陆源混入物的成分和含量。

陆源混入物主要是石英和长石的碎屑,粒度比较小,多为砂或粉矿。

d. 鉴定非碳酸盐自生沉积矿物的种类和含量。

非碳酸盐自生沉积矿物通常有石膏、硬石膏、重晶石、海绿石等。它们都具有反映成因的意义。

表 11-2　碳酸盐岩成分分类

类别	岩石名称	方解石含量/%	白云石含量/%	泥质含量/%
石灰岩类	石灰岩	>90	<10	<10
	含白云石灰岩	75~90	10~25	<10
	白云质灰岩	50~75	25~50	<10
	含泥白云质灰岩	50~75	25~50	10~25
	含白云石泥质灰岩	50~75	10~25	25~50
	泥质灰岩	50~75	<10	25~50
	含泥灰岩	75~90	<10	10~25
白云岩类	白云岩	<10	>90	<10
	含灰白云岩	10~25	75~90	<10
	灰质白云岩	25~50	50~75	<10
	含泥灰质白云岩	25~50	50~75	10~25
	含灰泥质白云岩	10~25	50~75	25~50
	泥质白云岩	<10	50~75	25~50
	含泥白云岩	<10	75~90	10~25

③ 鉴定和描述岩石的结构。

碳酸盐岩的结构类型主要根据其组分特征及量比来划分。关于碳酸盐结构的分类很多,并尚有争议,暂采用本书建议的结构-成分分类。

首先观察粒屑含量的多少或颗粒与填隙物的支撑关系。确定是粒屑结构,还是结晶结构或泥晶结构。

如果是粒屑结构,应观察颗粒的类型及含量,亮晶胶结物成分、结构和含量,泥晶基质特征及含量。

如果是结晶结构,应观察晶粒大小、自形程度、相互关系和形成阶段,并注意是否有残余结构,从而判断是否是重晶作用或交代作用形成的。

如果是生物结构,则应观察主要和次要生物种属及结合方式和填隙物特征。

观察孔隙大小、形态及成因。

④ 观察和描述构造特征。

在碳酸盐岩中也常见各种层理构造、结核、缝合线等构造。

⑤ 成岩后生变化观察和描述。

主要是观察和描述重结晶作用程度、重结晶晶粒的大小,残余结构特征,交代作用特征和规模,后期细脉穿切和发育程度等。

⑥ 定名。

岩石名称应包括颜色+结构+成分名称,如紫红色亮晶鲕粒灰岩。

三、沉积岩的鉴定描述顺序

沉积岩的种类较多,不同类别之间的结构、构造、成分等性质差异很大。应结合野外产状,进行手表本观察和显微镜下观察,其总体上的描述顺序为颜色—结构—颗粒或矿物成分—构造—定名。

四、沉积岩的鉴定描述举例

岩石光学显微镜鉴定报告

1. 样品编号:P1(图 11-2)

灰色,熔结凝灰结构,由石英晶屑、正长石晶屑、玻璃质浆屑及火山灰组成。石英晶屑,无色,不规则粒状,有裂纹,粒径 0.15~1.83 mm,含量 6%;正长石晶屑,表面不干净(有风化黏土),板状,有裂纹,粒径 0.25~1.35 mm,含量 12%;浆屑,弯曲的长条状,玻璃质,含量 45%;其余为玻璃质火山灰颗粒。假流纹构造。

定名:流纹质熔结凝灰岩。

图 11-2　样品 P1

2. 样品编号:P2(图 11-3)

图 11-3　样品 P2

灰色,碎屑结构,碎屑颗粒的主要成分为石英。石英,无色,正低突起,Ⅰ级灰干涉色,次棱角状,分选中等,粒径 0.05～1.3 mm,含量 95%;硅质胶结,胶结物已转变为蛋白石,无色,显微隐晶质,充填在石英颗粒的空隙中含量 5%。孔隙式胶结。层理构造。

定名:粗粒石英砂岩。

3. 样品编号:P3(图 11-4)

灰色,微晶结构,由方解石和其脉体组成。方解石,无色,菱形或不规则粒状,闪突起,粒径 0.005～0.03 mm,含量 95%;方解石脉体,脉宽 0.08～0.11 mm,含量 5%。层理构造。

定名:石灰岩。

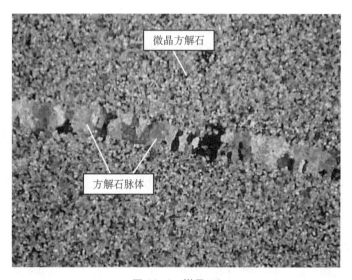

图 11-4　样品 P3

五、实验内容

结合手标本和薄片系统鉴定以下岩石:

(1) 石英砾岩;　　　　(2) 石英砂岩;　　　　(3) 长石石英砂岩;

(4) 长石砂岩;　　　　(5) 粉砂岩;　　　　　(6) 粉砂质页岩;

(7) 炭质页岩;　　　　(8) 泥岩;　　　　　　(9) 竹叶状石灰岩;

(10) 燧石灰岩;　　　 (11) 石灰岩;　　　　　(12) 白云岩。

变质岩的系统鉴定

一、实验的目的与要求

(1) 掌握各类变质岩的特征(结构、构造、矿物成分特征等);

(2) 学会根据结构、构造和矿物成分,对变质岩进行命名的方法;

(3) 掌握变质岩手标本及显微镜下岩石薄片的鉴定描述方法。

二、变质岩的分类

变质岩是由已经存在的岩石(岩浆岩、沉积岩和变质岩)经变质作用而形成的岩石。由于原岩类型复杂、种类繁多,又经受了不同程度的不同类型的变质作用,使所形成的变质岩石类型更为复杂,岩性变化更大,以致直到现在还没有一个包括所有变质岩石的统一分类。一般按变质作用类型将变质岩划分为区域变质岩类、接触变质岩类、混合岩化岩类、气成热液变质岩类、动力变质岩类五大类。

1. 区域变质岩类

区域变质岩是指经过区域变质作用,出现于前寒武纪古老结晶基底以及后期的造山带中的形成的各种类型成大面积区域性分布的结晶质岩石。区域变质作用是在地壳一定深度区域性热流升高,在压力参与下,使岩石变质结晶,重结晶、变形及往往伴随混合岩化的一种变质作用。

常见区域变质岩有板岩类,千枚岩类,片岩类,片麻岩类,变粒岩类,浅粒岩-长石石英岩-石英岩类,斜长角闪岩-角闪石岩类,钙、镁硅酸盐岩类,大理岩类,麻粒岩类和榴辉岩类,等等。现分述如下。

(1) 板岩类。

板岩是具有板状构造特征的浅变质岩石。由黏土岩、粉砂岩或中酸性凝灰岩经轻微变质作用而形成。原岩因脱水,硬度增高,但矿物成分基本没有重结晶或只有部分重结晶,具变余结构和变余构造,外表呈致密隐晶质,矿物颗粒很细,肉眼难以鉴别。有时在板理面上有少量绢云母、绿泥石等新生矿物,使板理面略显绢丝光泽。

板岩可进一步按新生矿物或所含杂质命名。如绢云板岩、绿泥板岩、绿泥绢云板岩、绢云绿泥板岩、碳质板岩、钙质板岩、粉砂质板岩、凝灰质板岩等。

(2) 千枚岩类。

千枚岩是比板岩变质程度更深的岩石,属于低温和较强应力作用下的产物。原岩基本上同板岩。岩石以千枚状构造为特征,在薄的片理面上具丝绢光泽和微细皱纹。岩石基本全部重结晶,新生矿物占优势,变余残留物少。但颗粒仍很细小,通常在 0.1 mm 以下。主要矿物成分是绢云母、绿泥石、石英、钠长石等,副矿物可有磁铁矿、金红石、电气石以及碳质等。常见千枚岩类型有绿泥千枚岩、绢云千枚岩、绿泥绢云千枚岩以及绢云石英千枚岩等。

千枚岩有一些浅变质的过渡性岩石。

板状千枚岩:保留板状构造,为千枚岩矿物组合,重结晶程度强。多数是含粉砂质成分较高的岩石,由于片状矿物含量低,结果是千枚状构造不明显。但变质程度已高于板岩。

千枚状片岩:千枚状构造仍比较明显,但矿物组合中出现了铁铝榴石,十字石中级变质矿物或是出现了大量黑云母雏晶,说明岩石的变质程度已达到片岩变质程度。

当粉砂岩、砂岩及火山碎屑岩经轻变质与板岩、千枚岩相当时,其胶结物重结晶生成绢云母、绿泥石或是雏晶状黑云母。可是砂屑变化不大,仍保留原岩结构(变余结构)。这类岩石命名是原岩名称加“变质”二字,如变质石英砂岩。新生矿物含量达到参加命名规定而明显可辨时,在原岩名称和变质二字中间加新生矿物名字,如变质绢云石英砂岩。当岩石应力变质作用较强、岩石定向构造表现明显,可加构造形容词,如千枚状变质凝灰砂岩。

(3) 片岩类。

岩石有明显片状构造、片状矿物及粒状矿物呈方向性排列。矿物主要是由云母、绿泥石、滑石、石英、长石、普通角闪石、透闪石组成。有时含有石榴石、十字石、帘石以及碳酸盐矿物。岩石中矿物粒度常大于 0.1 mm。根据片状、柱状和粒状矿物组合可划分为云母片岩、云英片岩类、绿片岩类,角闪片岩类,镁质片岩类,钙质片岩类,蓝闪片岩类等类型。

① 云母片岩、云英片岩类。

云母片岩、云英片岩类呈片状构造,主要矿物是黑云母、白云母、石英以及中酸性斜长石等。可以有高铝特征性变质矿物,如铁铝榴石、蓝晶石、十字石、红柱石等。常见类型有石榴十字二云片岩、石榴砂线二云片岩、十字蓝晶二云片岩、绢云石英片岩、绢云绿帘长英片岩、钠长绿泥绢云片岩以及石英片岩等。

② 绿片岩类。

绿片岩类岩石呈绿色,片状构造清楚。主要矿物组合是绿泥石、绿帘石、阳起石、钠长石和石英。常含有少数量的绢云母、方解石等。绿片岩是由基性岩、钠基性火山岩及成分相当的沉积岩变质而成。暗色矿物总含量一般大于 40%,长石是酸性斜长石(主要是钠长石)。命名时以最多的一种矿物作为基本名称,其他取次多的冠于前面,如绿帘绿泥片岩、钠长绿帘绿泥片岩。

③ 角闪片岩类。

角闪片岩类呈片状构造。岩石主要由普通角闪石、石英组成,常含有少量的绿帘石、黑云母及斜长石。角闪石一般大于 40%,矿物呈方向性排列,具明显片状构造。往往暗色矿物和淡色粒状矿物之间各自集中呈薄层状,这与继承原岩成分有关。角闪石达到 90% 以上则命名为角闪石片岩。常见的有黑云角闪片岩、斜长角闪片岩、磁铁石英角闪片岩。

④ 镁质片岩(滑石-蛇纹片岩)类。

镁质片岩类岩石是由蛇纹石、滑石、绿泥石组成。常见次要矿物有透闪石、绿帘石、白云石以及菱镁矿等碳酸盐矿物,是超基性岩或含硅质富镁碳酸盐沉积岩变质而成。石英不多见,其含量小于 10%。镁质片岩命名和角闪片岩相同,以含量最多的矿物作为岩石基本名称,次多者加于前面,矿物名称不宜超过三种。其中一种矿物含量超过 90% 时则以该矿物命名。常见岩石类型有蛇纹片岩、滑石片岩、菱镁滑石片岩、透闪滑石片岩和白云石蛇纹片岩等。

⑤ 钙质片岩类。

原岩为钙质页岩或泥灰岩变质所成。组成矿物有碳酸盐矿物、方解石、白云石、云母、绿泥石、帘石、透闪石、石榴子石等。碳酸盐矿物有时占优势含量(50% 以上)。呈片状构造。当碳酸盐矿物占优势而又可以定准时可以该碳酸盐矿物名字命名,如方解片岩。反之,则定为 ×× 钙质片岩。

⑥ 蓝闪片岩(蓝闪-硬柱片岩)类。

蓝闪片岩类岩石多呈蓝色、蓝绿色。片状构造。细粒鳞片变晶结构。以含低温高压矿物——蓝闪石、铝铁闪石-钠闪石系列、硬柱石、硬玉、霰石、绿纤石、黑硬绿泥石、钠云母等为特征。岩石呈很强的变形、扭碎、片理化、构造透镜体化。原岩为各种酸-基性火山岩、基性浅成岩、辉长岩、泥质碎屑岩、富钙质沉积岩以及含铁硅质岩等。蓝闪片岩命名是以主要矿物加构造的原则,如蓝闪绿泥片岩、硬玉蓝闪钠长片岩等。

(4) 片麻岩类。

片麻岩类岩石特征是具片麻状构造,暗色矿物和浅色粒状矿物集合体,各自聚集成连续、断续相间的平行排列条带状。结晶粒度为中粗粒。变质程度比片岩深。主要矿物成分是长石、石英与一定数量的片状、柱状矿物。片麻岩可由不同类型的沉积岩、火山岩以至变质岩石而变成。按长英质与暗色矿物不同的组合,片麻岩常划分成如下几种类型。

① 云母片麻岩类(云母-长石片麻岩类)。

片麻状构造明显。岩石主要由中酸性斜长石、石英及云母组成。常含有矽线石、蓝晶石、铝铁榴石等高铝矿物。其中长石加石英大于 50%,长石常大于石英含量,片状矿物含量通常小于 25%,这也是片麻岩与云母片岩在含矿物量上不同之处。常见的类型有黑云斜长片麻岩、含墨矽线石黑云斜长片麻岩、堇青黑云斜长片麻岩、石榴黑云二长片麻岩、角闪黑云斜长片麻岩等。

② 角闪片麻岩类(角闪-斜长石片麻岩)。

岩石多呈灰绿色、绿色。片麻状构造。岩石主要成分是角闪石、斜长石、石英以及少量的黑云母、辉石。有时含石榴子石。浅色粒状矿物(长石、石英)一般大于 50%,角闪石大于 30%。根据角闪石和斜长石相对含量可以划分为斜长角闪片麻岩(角闪石>斜长石)和角闪斜长片麻岩(角闪石<斜长石)两类。

③ 透辉片麻岩类(透辉石-斜长石片麻岩)。

原岩是砂质灰岩或钙质砂岩变质而成,常和大理岩成渐变关系。岩石呈片麻状构造。矿物主要成分是透辉石、斜长石,常见有黑云母、角闪石、石英、钾长石、榍石、磷灰石。长石加石英大于 50%,通常长石多于石英。透辉石在暗色矿物中占据主导地位。

(5) 变粒岩类。

变粒岩一词是原长春地质学院董申葆教授于 1959 年在辽东 1∶20 万区测时,对一种具细粒等粒变晶结构,块状构造,矿物成分以酸性斜长石、钾长石为主,含有一定量的石英、黑云母、角闪石、透辉石、电气石的岩石的命名。以其组构和矿物成分上特点与片麻状的片麻岩及含深变质相矿物紫苏辉石、粒度较粗的麻粒岩相区别。由上可知,变粒岩的特征是:细粒等粒它形~半自形粒状变晶结构,粒度在1 mm以下(0.3~0.5 mm为主),颗粒大小相近。矿物成分中长、英质含量在50%~90%之间,一般是长石含量大于石英含量,甚至浅色粒状矿物几乎全部由长石组成。暗色矿物含量大于10%,一般不超过50%。

(6)浅粒岩、长石石英岩、石英岩类。

岩石呈灰白色,具细粒等粒变晶结构,块状构造。为硅质岩、石英砂岩、长石砂岩或酸性火山岩变质而成,是中低变质产物。

浅粒岩:长石+石英含量大于90%,长石含量大于25%,暗色矿物(云母、角闪石、电气石)含量小于10%。根据长石种类分别命名如钠长浅粒岩、微斜浅粒岩、二长浅粒岩(二种长石近于相等)。

长石石英岩:长石+石英含量大于70%,长石含量在10%~25%之间,可含其他暗色矿物及副矿物,根据暗色矿物含量命名原则参加定名。还可进一步根据长石种类分为斜长石英岩、钾长石英岩。

石英岩:石英含量大于70%,而长石含量小于10%,往往有黑云母、角闪石、绢云母、帘石、电气石等暗色矿物出现。

(7)斜长角闪岩-角闪石岩类。

斜长角闪岩-角闪石岩类岩石呈黑绿、绿色,粒度较粗(0.5~3 mm),呈等粒镶嵌变晶结构,块状构造。条带状构造及芝麻点状构造也常见到。主要由斜长石、普通角闪石组成。斜长石为中性~基性斜长石。含有少量的绿帘石、黑云母、辉石、石榴石,石英可有可无。在斜长角闪岩中,斜长石和角闪石由于重结晶二者表面张力不同呈现凹面相接触或近于半包裹镶嵌变晶结构,这在变粒岩中是较难见到的。角闪石含量一般大于50%,斜长石含量近于10%~50%。当角闪石含量大于90%,长石含量小于10%时,命名为角闪石岩。叠加变质常使斜长角闪岩呈片状构造,对这种岩石可称为片状斜长角闪岩。

(8)钙、镁硅酸盐岩类。

① 钙硅酸盐岩。

钙硅酸盐岩类岩石为灰白色、灰绿色,呈粒状变晶结构,块状构造。粒度由细粒到中粒,常见条带状构造。岩石主要矿物成分是透辉石、透闪石、方柱石、绿帘石、方解石等,含少量的石英、长石、石榴石及黑云母等。由钙黏土质砂岩、含杂质灰岩、不纯白云质灰岩变质所成。常见类型有透闪透辉变粒岩、方柱透辉石岩和透闪石岩。

② 镁硅酸盐岩。

镁硅酸盐岩为含杂质富镁碳酸盐或超基性岩变质所成。颜色比较深,以块状构造为主,也常见有条带状构造。粒度是细粒~中粒。粒状变晶结构为主。其主要矿物成分是镁橄榄石、斜硅镁石、粒硅镁石、透辉石、尖晶石、斜方辉石以及金云母等。由于晚期蚀变作用可以含一定数量的蛇纹石、水镁石、绿泥石矿物。不见有长英质矿物。岩石命名与钙硅酸盐岩相同,以主要含量矿物名字为基本名称,次含量矿物冠于前面,如金云镁橄榄石岩、透辉镁橄榄石岩。如其中一种矿物含量大于90%，则以该矿物名字命名，如镁橄榄石岩、硅镁石岩等。当含有特殊意义的矿物含量小于5%（含5%）时，如硼镁铁矿等，或含量在5%～25%之间时，直接参加命名，如含硼镁铁矿镁橄榄石岩、硼镁石金云镁橄榄石岩。

（9）大理岩。

大理岩呈白色、灰白色，呈等粒状变晶结构，块状构造。粒度是变化的，一般随变质程度加深而增大。碳酸盐矿物大于50%。除了方解石、白云石、菱镁矿为主要成分外，可含各种钙镁硅酸盐和铝硅酸盐矿物，如透闪石、透辉石、绿帘石、方柱石、石榴石、金云母、硅镁石、水镁石、镁橄榄石、蛇纹石、长石等。当原岩含硅质多时则出现石英。这些次要矿物可参与定名，如石英大理岩。部分大理岩的颜色、构造常赋有特征性。当这些特征明显而有规律性时可以命名，如灰色条带状白云石大理岩。

（10）麻粒岩类。

麻粒岩是指一套淡色，由无水矿物所组成的长英质的片麻岩系。矿物成分有辉石、石榴石、蓝晶石、矽线石、长石、石英、金红石等，是含有紫苏辉石等高温变质矿物组合的岩石。长英质矿物由于挤压塑性变形，组成粗细不等的条痕、条带或扁平状透镜体，它们平行排列，交替出现，构成所谓麻粒结构。麻粒结构有粒状变晶结构（花岗变晶结构）、多角形粒状变晶结构和豆芙状（扁长状）颗粒集合体结构。块状构造或定向构造（微片麻状～糜棱状）。

（11）榴辉岩类。

榴辉岩类一般为粗粒，呈粒状变晶结构，块状构造。主要矿物成分是绿辉石（含透辉石、钙铁辉石、硬玉、锥辉石组分的单斜辉石）和含钙的铁镁铝榴石。可以含有少量的蓝晶石、斜方辉石、橄榄石、角闪石、石英和金红石，但无斜长石，这在岩相学上是重要的。榴辉岩呈似层状、透镜状、团块状伴生于麻粒岩、片麻岩、角闪岩中，或高压变质的蓝闪石片岩岩层中，此外，在金伯利岩、橄榄岩中也常含有榴辉岩包体。大多数榴辉岩具有和玄武岩相似的化学成分。典型榴辉岩一般认为是地壳深部温度压力较高的产物。

2. 接触变质岩类

接触变质岩按变质程度和成分可划分为板岩、角岩、片岩、片麻岩、大理岩和矽卡岩。命名原则是基本名称＋主要矿物＋特征性的结构构造，如碳质斑点板岩、长英角岩、条带状透辉角岩等。对变质程度低、明显保留原岩结构构造和矿物成分的岩石，加"角岩化"限定词，如角岩化砂岩。

（1）板岩。

板岩是保留较多的原岩残余结构变质程度低的黏土质岩石。具板状构造或是斑点状构造和瘤状构造。是热接触变质初期产物，未经受大量重结晶及重组合。新生的绢云母、绿泥石、石英（蛋白石脱水形成石英）雏晶或是碳质，粉末状铁质常成不规则状或椭圆状集合体散布于基质之中，构成斑点状构造或是瘤状构造。一般岩石粒度在0.05～0.1 mm变化。当变质进一步加深时可出现黑云母、红柱石、堇青石等矿物，常以变斑晶存在，岩石逐渐向角岩过渡。在红柱石、堇青石晶体中往往含有碳质包裹物。常见类型有碳质斑点板岩、绢云绿泥斑点板岩、黑云斑点板岩、红柱斑点板岩。

（2）角岩。

角岩是原岩中组分基本上已全部重结晶，结构构造消失而成。呈细粒状变晶结构。通常矿物颗粒呈多边形不定向排列形成典型角岩结构。多呈致密块状构造。根据矿物组合进一步可划分为下列几种角岩。

① 长英角岩。

长英角岩是由原岩为砂岩、长石砂岩、石英岩、酸性火山岩经热接触变质形成的岩石。原岩中石英、长石发生重结晶，形成彼此镶嵌的等粒等向变晶结构。视所含杂质的不同可以有少量云母、红柱石、堇青石、石榴子石、透辉石等。原岩中石英、长石是比较稳定的。可根据胶结物变质的矿物出现情况确定其变质相。如石英或长石含量大于 90％可以直接命名，如石英角岩、长石角岩。

② 云母角岩。

云母角岩由原岩为泥质岩石变质而成。常呈等粒变晶结构、鳞片变晶结构和变斑状结构。块状构造。主要矿物成分是黑云母、白云母、石英、钾长石、斜长石等。在细粒云母、长英基质中往往含有红柱石、堇青石变斑晶。当岩石 SiO_2 不足时可以生成刚玉或尖晶石矿物。

③ 大理岩。

含义同区域变质的大理岩。虽按成因和结构上应划入角岩范畴，但习惯上仍采用大理岩名称。变质原岩是比较纯的石灰岩、白云岩经热接触变质作用，碳酸盐矿物重结晶而成。岩石是等粒状变晶，彼此镶嵌生长，为块状构造岩石。

④ 钙硅酸盐角岩。

钙硅酸盐角岩是以钙硅酸盐矿物为主要成分的岩石。常见矿物如石榴子石、透辉石、方柱石、硅灰石、帘石和斜长石等。一般为细粒，花岗变晶结构。常具条带状构造。由泥质灰岩经热接触变质而形成。

⑤ 基性角岩。

基性角岩颜色较暗。一般为粒状变晶结构及变斑结构，致密块状构造。常可见到变余辉绿结构、变余斑状结构、变余气孔、杏仁构造等。是基性-中性岩浆岩或成分相当的火山岩经热接触变质而形成的岩石。其主要矿物成分是透辉石、紫苏辉石、斜长石、角闪石、黑云母、石英和石榴石等。

⑥ 镁质角岩。

镁质角岩是蛇纹岩和硅质白云岩经热接触变质而形成的岩石。蛇纹岩可转变成橄榄石、紫苏辉石、斜绿泥石角闪石和橄榄石角岩。温度较低时形成直闪石角岩。当白云岩含有相当数量氧化铝杂质时则形成直闪石、堇青石角岩。

（3）矽卡岩。

侵入岩与围岩接触除了热接触变质外，由于携带各种挥发组分，通过交代作用使已凝固的岩浆岩和围岩改变了原岩成分，形成新的矿物和结构构造的岩石，称为接触交代变质岩，最典型的为矽卡岩。矽卡岩是中-酸性侵入体与钙镁质碳酸盐岩石（石灰岩、白云岩）接触交代形成的岩石。根据碳酸盐性质及形成后不同的矿物组合又可划分为钙质矽卡岩和镁质矽卡岩两类。

① 钙质矽卡岩(简称矽卡岩)。

钙质矽卡岩常见为暗色、暗绿色或暗棕色。如含硅灰石等浅色矿物多为淡灰色。结构变化复杂,一般颗粒粗大,呈不均匀粒状变晶结构、斑状变晶结构及包含变晶结构,斑杂状构造、块状构造,也可见到条带状构造和角砾状构造。主要组成矿物是石榴子石(钙铝榴石-钙铁榴石系列)和辉石(透辉石-钙铁辉石系列)。常含有相当数量的符山石、方柱石、硅灰石、硅硼钙石、斧石、电气石、白云母、金云母等高温气成矿物。由于晚期热液作用还可以叠加一些含水硅酸盐矿物如阳起石、绿帘石、黝帘石、葡萄石、绿泥石、沸石等。

② 镁质矽卡岩。

镁质矽卡岩是酸性侵入岩与富镁质碳酸盐岩石接触经双交代和渗滤形成的岩石。根据柯尔任斯基理论,它主要形成于深成环境下,和浅成的钙质矽卡岩相反,不出现钙硅酸盐矿物如符山石、钙铝榴石、硅灰石等,而代之以镁橄榄石、硅镁石、透辉石(紫苏辉石)、金云母等富镁的硅酸盐矿物。岩石常呈黄绿、浅绿、暗灰黄色。细粒～中粒,也常有粗大颗粒。一般是粒状变晶结构。斑杂状、团块状及块状构造常见。在接触带外部通常是过渡为含镁橄榄石或硅镁石及金云母的白云石大理岩。在内接触带可见到透辉石岩、斜长石和钾长石等。常见有粗大颗粒的碳酸盐脉(白云石或方解石的)穿插及金云母囊状集合体不规则分布。

矽卡岩类岩石命名是以矽卡岩为基本名称,在基本名称之前加主要矿物名字。一般不宜超过三种,按含量少前多后的顺序排列。如其中一种矿物含量大于 90% 则以该矿物名称直接命名。对于原岩特征(矿物成分及组构)保留较多的岩石,在原岩基本名称之前加"矽卡岩化"形容词,如矽卡岩化白云石大理岩。

接触变质作用除可形成以上类型的岩石外,也可形成片岩、片麻岩等区域变质作用中形成的岩石类型。

3. 混合岩化岩类

混合岩是在特定的注入变质条件下,由不同性质的原岩和岩浆汁经过一系列的相互作用(包括交代、结晶、重熔、重融、重结晶等作用)而混合生成的岩石。在这个过程中,渗透于原岩的岩浆汁是起着主导作用的,对原岩来讲是外来的,混合岩中的脉状体也主要是由外来物质组成。形成于地壳较深部位,由浅色花岗质和暗色镁铁质岩两部分组成。混合岩化作用较弱的混合岩,明显分出脉体和基体两部分。脉体是由于注入、交代或重熔作用而形成的新生物质;基体基本代表原来变质岩的成分。随着混合岩化作用增强,脉体与基体的界线逐渐消失,形成类似花岗质岩石的混合岩。依混合岩化程度不同,分为混合岩化变质岩类、混合岩类和混合花岗岩类。

混合岩类按构造特点分为条痕状混合岩、条带状混合岩、角砾状混合岩、眼球状混合岩、肠状混合岩等。

4. 气成-热液蚀变岩类

由地质作用产生的热气、热水溶液分别地或共同地作用于与其接触的岩石,使原来岩石的矿物成分和化学成分,结构和构造发生的变化,或者生成新的岩石的变质作用叫作气成-热液蚀变作用。这种作用生成的岩石统称为气成-热液蚀变岩。

（1）云英岩化及云英岩。

云英岩化主要表现为酸性侵入岩或其他成因类似的长英质岩石,在高温气体及热液作用下,含钙、镁、铁硅酸盐和铝硅酸盐矿物(如长石)被交代成石英和云母等矿物。主要岩石类型有正常云英岩、富石英云英岩、富云母云英岩、黄玉云英岩、日光榴石云英岩、萤石云英岩、电气石云英岩、含矿云英岩等。

典型的云英岩一般呈块状构造。在显微镜下呈鳞片或显微鳞片花岗变晶结构、齿状花岗变晶结构等。齿状特点主要在石英、云母等矿物上表现出来。交代矿物发育。岩石中主要矿物含量变化很大,石英含量常大于 50%,云母含量在 $40\%\sim50\%$,电气石、黄玉、萤石、绿柱石含量一般在 $20\%\sim30\%$ 以下。也常见由其他变质作用叠加生成的矿物。

（2）青磐岩化及青磐岩。

青磐岩化是主要发生在中-基性火山岩及其碎屑岩内的一种气成-热液蚀变作用。由这种蚀变作用形成的岩石为青磐岩。青磐岩化的矿物组合一般是:

① 阳起石-绿帘石-钠长石组合;

② 绿帘石-绿泥石-钠长石组合;

③ 绿泥石-碳酸盐组合,含冰长石或不含冰长石的绿泥石组合和沸石组合。

钠长石、绿帘石、黄铁矿是青磐岩化的特征矿物。但绿帘石常为后期的低温绿纤石、葡萄石交代,钠长石被冰长石或正长石交代。这是青磐岩化的特征之一。当青磐岩受后期热液影响时,可能进一步发生沸石化、绢云母化、硅化等,同时生成石膏、重晶石、明矾石等矿物。在青磐岩中还可能有一些其他矿物,如黝帘石、金红石、磷灰石、黄铜矿、方铅矿、闪锌矿等。

青磐岩的岩石特征是:岩石一般是灰绿色、黑绿色等深暗颜色。在显微镜下具纤状变晶结构、细粒花岗变晶结构等。常见变余斑状、变余火山碎屑结构。块状、斑杂状、角砾状等构造。

（3）蛇纹石化及蛇纹岩。

超基性(富镁质)岩石经气液交代作用而形成,主要为橄榄石和部分辉石转变成各种蛇纹石,形成蛇纹岩。蛇纹岩一般呈暗灰绿色、黑绿色或黄绿色,色泽不均匀,质软,具滑感。常见为隐晶质结构,镜下见显微鳞片变晶或显微纤维变晶结构,致密块状或带状、交代角砾状等构造。矿物成分比较简单,主要由各种蛇纹石组成。

（4）次生石英岩化及次生石英岩。

次生石英岩是酸性和中性火山岩或火山碎屑岩,在近地表的浅处,受火山喷出的热气或热液的影响,交代蚀变而形成的岩石。一般呈浅灰、暗灰或灰绿等色,致密块状,细粒～隐晶质,具显微鳞片变晶结构或细粒粒状变晶结构以及变余斑状结构,常具有变余流纹构造,交代假象发育。次生石英岩的矿物成分主要是石英,可含有绢云母、红柱石、刚玉、明矾石、叶蜡石、高岭石、水铝石、黄玉、刚玉、电气石、黄铁矿、赤铁矿、硫黄和金红石等。

（5）黄铁绢英岩化及黄铁细晶岩。

黄铁绢英岩化是半深成、浅成的中酸性、酸性岩石,在中、低温热液作用下形成的蚀变。其突出特点是在蚀变过程中,有大量绢云母生成(主要是交代斜长石、黑云母)。同时还伴有硅化、碳酸盐化、黄铁矿化等。这种蚀变作用生成的岩石统称为黄铁绢英岩(黄铁细晶岩)。

黄铁绢英岩一般为浅灰色、翠绿黄色、浅绿色等。其矿物组成是石英、绢云母、黄铁矿、碳酸盐、绿泥石等。岩石具块状构造。在显微镜下为中细粒花岗鳞片变晶结构、鳞片花岗变晶结构等。

除以上的岩石类型外,气成-热液蚀变岩的岩石还有绢云母化、绿泥石化、硅化、滑石化、碳酸盐化、钠长石化、绿帘石化、钾长石化和萤石化形成的岩石。

5. 动力变质岩类

动力变质岩为各类岩石受动力变质作用的改造而形成。在构造断裂带内的岩石,受不同性质应力的作用和影响,发生破碎、变形、重结晶等,形成一种具有新的结构、构造的岩石。动力变质岩明显地受构造断裂带的控制,而且多呈狭长的带状。深大断裂带具有双层结构,即在地壳浅部表现为脆性断层,而在深部5~10 km以下,由于温度压力增大,岩石出现塑性变形,表现为韧性断层。断层岩也相应地分为与脆性断层伴生的碎裂岩(系列)和与韧性剪切带伴生的糜棱岩(系列)。

碎裂岩(系列)为紊乱结构,依据碎裂颗粒大小分为断层角砾岩(>2 mm)、碎粒岩(0.1~2 mm)和碎粉岩(<0.1 mm)。糜棱岩(系列)的特点是颗粒细小,具有固态流动造成的条带状定向构造。糜棱岩的细粒化不是研磨成的,是塑性变形动态重结晶的结果,是原岩中初始大颗粒细粒化变成许多亚颗粒和新生颗粒的集合体。根据其韧性基质含量,糜棱岩分为初糜棱岩、糜棱岩和超糜棱岩,基质各占10%~50%,50%~90%及90%~100%。主要由层状硅酸盐矿物如云母、绿泥石等组成的糜棱岩称为千枚状糜棱岩,简称为千糜岩。随着深度、温度增加,变质重结晶增强,变晶颗粒变大,面理发育,可形成构造片岩、构造片麻岩,其特征与区域变质形成的片岩、片麻岩在结构上相似,只是产于一个窄带内。

此外,还有冲击变质作用、洋底变质作用所造成的一些特殊类型岩石,这里仅作简单介绍。冲击变质是动力变质的一个特殊类型。它以特别快速的变质,能使岩石生成高比重矿物,如霰石、柯石英。同时产生轻微震裂岩、角砾岩及熔融而形成的玻璃质岩石。它多与陨石冲击岩石或是潜火山构造的环形破裂体系有关。洋底变质作用在大洋中脊峰之下发生,是地热梯度高和洋底扩张侧向移动的结果。通常是一些变质程度不强的基性岩和超基岩石,如变质玄武岩、变质辉长岩、蛇纹岩等。为弱片状,大部保持其原来结构,重结晶作用不完全。

三、变质岩的鉴定描述方法

变质岩鉴定描述以构造、结构、矿物成分为主,结合手标本和显微镜下的薄片进行鉴定。

1. 颜色

观察岩石全貌,描述总体颜色。

2. 构造

变质岩的构造分为两类:变余构造(仍部分保留原岩的构造特征)和变成(质)构造(变质作用后形成的构造)。正变质岩(原岩为岩浆岩)中常见的变余构造有变余气孔构造、变余杏仁构造、变余流纹构造等。副变质岩(原岩为沉积岩)中常见的变余构造有变余层理构造、变余泥裂构造、变余波痕构造等。常见变质岩的变成构造有斑点状构造、板状构造、千枚状构造、片麻状构造、条带状构造、块状构造等;混合岩的构造有网脉状构造、角砾状构造、眼球状构造、条带状构造、肠状构造、阴影状构造、云雾状构造等。

(1)斑点状构造:在变质作用初期,由于温度升高及化学溶媒的不均匀分布,使原岩中某些成分首先集中,不均匀地围绕着某些中心起化学反应,产生新矿物,结果就出现形状不一、大小不等、模糊不清的斑点。常见的有碳质、铁质物质,或空晶石、堇青石、云母等矿物的雏晶,它们此时的外形和光学特征均不明显。

(2)板状构造:它是由泥质岩低级区域变质作用而成。在应力作用下,岩石中出现了一组互相平行的劈理面,使岩石沿劈理面形成板状。它与原岩层理平行或斜交。劈理面常整齐而光滑,常见发微弱闪光的绢云母、绿泥石等细小鳞片。

(3)千枚状构造:特征是岩石中的鳞片状矿物呈定向排列,但因粒度较细,肉眼不能分辨矿物颗粒,仅在片理面上见有强烈的丝绢光泽,这是由于绢云母微细鳞片平行排列所致(见附录二图Ⅷ-5)。可劈开成薄片状,断口呈参差不齐的皱纹状。

(4)片状构造:岩石主要由石英、云母、绿泥石、滑石、角闪石等粒状、片状或柱状矿物所组成,它们呈连续的平行排列,一般粒度较粗,肉眼能分辨矿物颗粒,以此区别于千枚状构造(见附录二图Ⅷ-6)。

(5)片麻状构造:岩石主要由浅色粒状矿物(石英、长石等)和一定数量呈定向排列的深色片状或柱状矿物(黑云母、角闪石、辉石等)组成,后者在浅色粒状矿物中呈不均匀的断续分布。

(6)条带状构造:是指在某些变质岩和混合岩中,以石英、长石、方解石等粒状矿物为主的浅色条带和以黑云母、角闪石、辉石等片状、柱状矿物为主的暗色条带,各以一定的宽度成互层状出现,形成颜色不同的条带状。若条带的宽度变化较大,呈不连续分布,则称为条痕状构造。

(7)块状构造:岩石各组成部分的成分和结构是均一的,无气孔,矿物排列没有一定次序,也没有一定方向性。

(8)网脉状构造:长英质脉体不规则地穿切基体,呈细脉状、分支状和网状分布。脉体数量较少,宽窄不定,有时尖灭,有时一端变成大小不等的透镜体状连续排列。

(9)角砾状构造:颜色较深的原岩呈角砾状(也有的为圆砾状),其大小不等,砾径相差悬殊,砾石排列可能是杂乱的,也可呈方向性。角砾间为混合岩化作用形成的长英脉体。

(10)眼球状构造:是在混合岩或变质岩基体中,由混合岩化作用形成较大的眼球状的变斑晶或矿物的集合体所成的构造特征。"眼球体"的长轴多呈定向,有时也杂乱。

(11)肠状构造:是条痕状或条带状混合岩在动力作用下的塑性变形,形成似肠状的弯曲、褶皱等。

(12)云雾状构造:由基体的物质与脉体的物质强烈混合而形成,具有二者之间似能够辨认又辨认不清的浑浊状以及显示极细的网状、残留小块、斑点、似流动状等特点。

3.结构

变质岩的结构种类繁多,变化也大。而每一种结构,只是反映了变质岩在结构特征上的某一个侧面。变质岩的结构一般分三类,即变余结构、变晶结构、交代结构和碎裂结构。在观察变晶结构时,一般先从粒度相对大小开始(等粒变晶结构、不等粒变晶结构、斑状变晶结构),再观察粒度的绝对大小(粗粒变晶结构>3 mm,中粒变晶结构 1~3 mm,细粒变晶结构<1 mm,显微变晶结构),然后进一步观察相互关系。对于斑状变晶结构,则应分别观察变斑晶和变基质的结构特点等。总之,对结构应全面地观察研究。

描述命名时,对变晶结构可根据粒度大小、颗粒形状、相互关系,择其主要者给予命名。对于过渡类型的结构,可将主要的放在后面,次要的放在前面,如鳞片花岗变晶结构,即说明花岗变晶结构是主要的。有不同类型结构同时存在时,应分别描述命名。对斑状变晶结构的岩石,变斑晶和变基质要分别命名,如鳞片粒状变晶基质的斑状变晶结构。

研究变质岩的结构、构造特点可以帮助我们了解变质岩的形成过程及其所经受的变质作用类型、作用因素、作用方式和程度,对变质岩的分类命名也有极其重要的意义。

4. 矿物成分

变质岩的矿物成分非常复杂,几乎可以有沉积岩、岩浆岩中的所有矿物,还有一些特征变质矿物。与岩浆岩一样,不同的变质岩由其不同的矿物共生组合,一些矿物是不可能在一块标本中出现的,如蓝晶石、矽线石、红柱石不共存。因此,记住常见变质岩的矿物组合,对准确鉴定很重要。

对于用肉眼和放大镜可以看见矿物的等粒变晶结构的岩石,以矿物百分含量的多少为顺序依次进行描述;若为斑状变晶结构,则先描述变斑晶而后描述变基质,并估计其百分含量。描述时尤其要注意变质矿物的特点,如颜色、形态、光泽、透明度、硬度、颗粒大小等。

5. 断口特征

致密隐晶质岩石,如某些角岩常具贝壳状断口,结晶粒状岩石如片麻岩常具不平坦断口。

6. 其他特征

变质岩除具上述特征外,还有一些其他特征,如岩石中有无细脉穿插或小褶皱等。

7. 命名

根据岩石的构造、结构和矿物成分对变质岩进行初步命名。

构造和结构在变质岩命名中具有重要地位,应十分重视对变质岩构造的观察和描述。有的变质岩则是根据变质岩的构造来命名的,如区域变质岩和热变质岩中的板岩、千枚岩、片岩、片麻岩等;有的变质岩就是根据变质岩的结构来命名的,如动力变质岩中的碎裂岩、碎斑岩、糜棱岩、千糜岩、糜棱千糜岩及玻状岩等。一般来说,只要变质岩的构造,特别是定向构造明显时,一般首先根据构造定出岩石基本名称,然后再根据结构、矿物成分进行进一步的准确定名。只有当变质岩的构造,特别是定向构造不明显时,才根据变质岩的矿物成分或结构进行命名。对于无明显定向构造的岩石,主要依据其矿物成分定名,如石英岩、大理岩等。

另外,在变质岩的描述中,始终应重视一个"变"字,如变斑晶、变基质、变晶等,不能省略。

四、变质岩鉴定举例

岩石光学显微镜鉴定报告

1. 标本编号:P1(图 12-1)

灰白色,变余泥状结构,板状构造。新鲜面对光晃动,肉眼可见零星微小的闪光点。在显微镜正交偏光下,岩石由黏土矿物、石英微粒和绢云母组成。绢云母,片状,无色,灰白至黄白干涉色,片长 0.01～0.05 mm,整体呈断续定向排列,含量 10%;石英,粒状,无色,I 级灰干涉色,粒径 0.005～0.02 mm,含量 15%;其余为黏土矿物,单偏光镜下白色,正交偏光镜下深灰色。

定名:板岩。

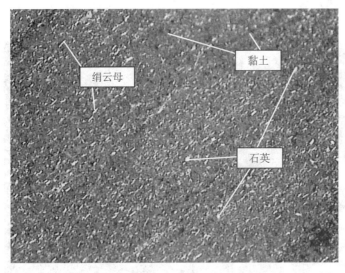

图 12-1 样品 P1

2. 标本编号:P2(图 12-2)

图 12-2 样品 P2

风化面浅黄色,有蚕丝绢光泽,新鲜面灰色,千枚状构造,显微鳞片变晶结构。岩石由重结晶的石英和绢云母组成。石英,粒状或拉长状,无色,Ⅰ级灰干涉色,粒径 0.008～0.03 mm,含量 62%;绢云母,片状,无色,灰白至黄白干涉色,片长 0.01～0.05 mm,含量 40%。微粒石英和显微鳞片绢云母平行定向排列。

定名:千枚岩。

3. 标本编号:P3(图 12-3)

灰白色,片状构造,鳞片粒状变晶结构,由石英和白云母组成。白云母,白色,片状集合体,彩色干涉色,片长 0.2～1.1 mm,含量 45%;石英,无色,片粒状,干涉色Ⅰ级灰,具有强烈定向性,粒径 0.1～0.5 mm,含量 55%。石英和白云母平行定向排列。

定名:云母石英片岩。

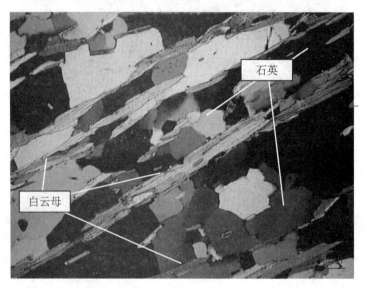

图 12-3　样品 P3

4. 标本编号:P4(图 12-4)

黄白色,片麻状构造,细粒鳞片粒状变晶结构,主要矿物有石英、斜长石、正长石、微斜长石和黑云母。石英,粒状,无色,表面干净,粒径 0.1～0.7 mm,含量 51%;斜长石,无色,板状,聚片双晶,粒径 0.2～0.6 mm,含量 23%;正长石,无色,表面不干净,板状,粒径 0.3～0.7 mm,含量 11%;微斜长石,无色,板状,格子状双晶,粒径 0.2～0.6 mm,含量 9%;黑云母,鳞片状,棕色～黄白色,粒径 0.3～0.5 mm,含量 6%。

定名:浅色黑云母长英质片麻岩。

5. 标本编号:P5(图 12-5)

灰色,块状构造,鳞片粒状变晶结构,主要矿物有绿辉石、石榴石、白云母和石英。绿辉石,无色,个别浅绿色,正高突起,两组近直角解理,Ⅱ级蓝绿干涉色,发生退变为黏土和铁矿微粒,呈雾迷状,仅见少量残留,含量 45%;石榴石,浅黄～无色,正高突起,裂纹发育,全消光

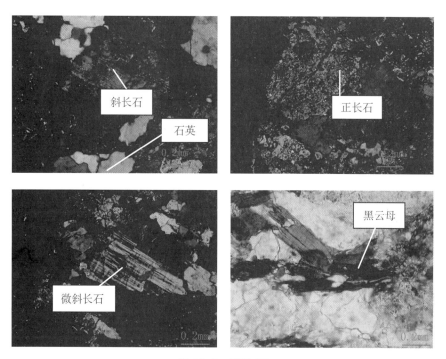

图 12-4　样品 P4

均质体,粒径 0.8～2.5 mm,含量 38%;白云母,片状,白色,彩色干涉色,粒径 1.2～3.2 mm,含量 7%;石英,不规则粒状,无色,表面干净,粒径 0.5～1.2 mm,含量 8%。绿泥石,绿色,呈侵染状,位于颗粒边缘,是后期退变的结果,含量 2%。辉石被风化成黏土和铁矿微粒。

定名:绿泥石化榴辉岩。

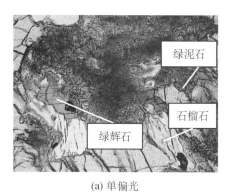
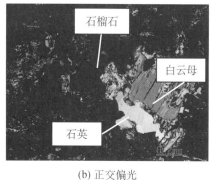

(a) 单偏光　　　　　　　　　　　　　　(b) 正交偏光

图 12-5　样品 P5

6. 标本编号:P6(图 12-6)

白色,块状构造,中粒等粒变晶结构,岩石由方解石组成。方解石,无色,菱形或不规则粒状,有闪突起,两组菱形解理,高级白干涉色,粒径 0.5～2.4 mm,含量 100%。

定名:大理岩。

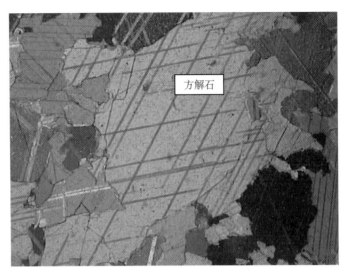

方解石

图 12-6　样品 P6

五、实验内容

结合手标本和薄片系统鉴定以下岩石：

(1) 黑色板岩；　　　　(2) 千枚状板岩；　　　　(3) 堇青石角岩；

(4) 绢云母千枚岩；　　(5) 十字石片岩；　　　　(6) 云母石英片岩；

(7) 角闪绿泥石片岩；　(8) 斜长角闪片岩；　　　(9) 花岗片麻岩；

(10) 角闪石片麻岩；　　(11) 石榴子石麻粒岩；　　(12) 榴辉岩；

(13) 条带状混合岩；　　(14) 石英岩；　　　　　(15) 白色大理岩；

(16) 矽嘎岩。

常见透明造岩矿物光性特征表

附表 1-1　常见透明造岩矿物光性特征表（一）

矿物名称		斜长石	微斜长石	正长石	透长石	石英	霞石	黑云母	白云母
单偏光	形状	三斜、板状、针状、柱状	三斜、不规则状	单斜、板状、粒状、柱状	单斜、板状	α-三方 β-六方	六方、多不规则状	单斜、片状	单斜、片状
	颜色·多色性	无色	无色	无色	无色	无色	无色	$N_g=N_m=$暗褐色 $N_p=$浅褐色	无色
	解理	(010)、(001)完全，∧90°	(010)、(001)完全，∧90°	(010)、(001)完全，∧90°	(010)、(001)完全，∧90°	无解理	(10$\overline{1}$11)不完全	(001)极完全	(001)极完全
	突起	正低~负低	负低	负低	负低	正低	正低~负低	正中低	正中低、闪突起
	干涉色	Ⅰ级灰、灰白	Ⅰ级灰、灰白	Ⅰ级灰、灰白	Ⅰ级灰、灰白	Ⅰ级黄白	Ⅰ级灰	Ⅱ级~Ⅲ级	Ⅱ级~Ⅲ级
正交偏光	消光角	斜消光	斜消光 N_p∧(010)=15°±	//(010)斜消光 5°~7°、⊥(010)平行消光	//(010)斜消光 5°~7°、⊥(010)平行消光	平行消光	平行消光	平行消光	平行消光
	延性					正延性	负延性	正延性	正延性
	双晶	聚片双晶	格子双晶	卡氏双晶	卡氏双晶				
锥光	光性	2V大（+或-）	2V(-)=77°~84°	2V(-)=60°~85°	2V(-)=0°~12°	一轴（+）	一轴（-）	2V(-)=0°~10°	2V(-)=30°~47°
其他		蚀变后变为浅灰色		蚀变后变为褐色	表面干净	表面干净、无风化	不与石英共生	蚀变后变为绿泥石	细小鳞片状称为绢云母

附表 1-2　常见透明造岩矿物光性特征表（二）

矿物名称		普通角闪石	透闪石	斜方辉石（紫苏辉石）	普通辉石	透辉石	橄榄石	磷灰石	榍石	金刚石
单偏光	形状	单斜、长柱状、横切面菱形	单斜、长柱状、横切面菱形	斜方、短柱状、粒状	单斜、短柱状、横切面八边形	单斜、短柱状、横切面八边形	斜方、多不规则粒状	六方、柱状、粒状、横切面六方形	单斜、菱形、楔形、不规则粒状	四方、柱状、粒状、横切面四方形
	颜色、多色性	多色性显著	无色	粉红～淡绿、弱多色性	无色、淡绿或淡黄褐色	无色	无色	无色	浅棕色或浅绿色、弱多色性	无色或淡色
	解理	(110)、(110)完全、∧56°	(110)、(110)完全、∧56°	(110)、(110)完全、∧90°	(110)、(110)完全、∧90°	(110)、(110)完全、∧90°	(010)不完全	(0001)不完全	(110)完全、但少见	柱状解理罕见
	突起	正中	正中	正高	正高	正高	正高～极高	正中	正极高	正极高
正交偏光	干涉色	I级橙黄	II级顶部	I级橙黄～II级紫	II级顶部	II级鲜艳	III级鲜艳	I级深灰	高级白	III级～IV级
	消光角	斜消光 $C \wedge N_g=$ 15°～25°	斜消光 $C \wedge N_g=$ 15°～25°	多为平行消光	斜或平行消光，$N_m=b$ $C \wedge N_g=$ 39°～47°	斜或平行消光，$N_m=b$ $C \wedge N_g=$ 39°～47°	平行消光	平行消光		平行消光
	延性	正延性	正延性	正延性			负延性	负延性	正极高	正延性
	双晶	简单双晶	有时聚片双晶		简单双晶	有时聚片双晶				
锥光	光性	2V(-)= 33°～88°	2V(-)= 70°～80°	2V(-)= 63°～90°	2V(+)= 42°～60°	2V(+)= 50°～63°	2V(+)= 80°～90°	一轴（-）	2V(+)= 23°～49°	一轴（+）
其他		蚀变后变为绿泥石	产于接触变质灰岩				蚀变后变为伊丁石、蛇纹石	常含包体	信封状晶形为特征	

附表 1-3 常见透明造岩矿物光性特征表（三）

矿物名称		电气石	金红石	方解石	白云石	玉髓	蛋白石	石膏	硬石膏	胶磷矿
单偏光	形状	三方,柱状,横切面三角形六边形	正方,柱状,横切面正方形	三方,多不规则粒状	三方,常见菱面体晶形	纤维状,放射状及显微粒状	凝胶状,非晶质	单斜,板状,纤维状,放射状	单斜,柱状,粒状,纤维状	非晶质无定形,或鲕状
	颜色,多色性	无色或多色性显著,浅绿~浅蓝	浅褐色,红褐色,或不透明	无色	无色	无色至浅棕色	无色至浅灰或浅棕色	无色	无色	无色或棕色
	解理	无解理,可见裂理	偶见(010),(0$\bar{1}$0),∧90°	菱面体(10$\bar{1}$1)三组完全	菱面体(10$\bar{1}$1)三组完全	与树胶接近		(010)完全,(100)(111)不完全	(001)(110)完全,(100)不完全	无
	突起	正中	正极高	正高~负低闪突起	正高~负低闪突起	负低	负低	负低	正中低	正中
正交偏光	干涉色	变化较大,与成分有关	高级白或鲜艳	高级白	高级白	Ⅰ级灰白	均质体	Ⅰ级白或淡黄	Ⅲ级绿	全消光
	消光角	平行消光	平行消光	对称消光	对称消光	平行消光		斜消光 C∧Ng=52°	平行消光	均质体
	延性	负延性	正延性							
	双晶			有时聚片双晶	有时聚片双晶			燕尾双晶	有时聚片双晶	
锥光	光性	一轴(一)	一轴(+)	一轴(一)	一轴(一)	一轴(+)		2V(+)=58°	2V(+)=42°	
	其他	吸收性与黑云母相反		二者不易区分,薄片中常用茜素红染色,方解石为红色,白云石无色			脱水重结晶成玉髓或微晶石英	脱水成硬石膏	水化成石膏	常具生物遗体结构

附表 1-4　常见透明造岩矿物光性特征表（四）

矿物名称		高岭土	蒙脱石	水云母	海绿石	鲕绿泥石	硬绿泥石	蛇纹石	绿泥石	石榴石
单偏光	形状	粒状、鳞片状、极小的集合体	细小鳞片状	细小鳞片状	单斜，由细小鳞片组成圆粒状	单斜，鲕状、假球粒状、鳞片状	单斜，常呈假六方形板状	斜方、片状、纤维状	单斜，细小鳞片状	等轴、粒状
	颜色、多色性	无色至浅黄	灰色或淡红绿色	无色至黄棕色	鲜绿色	绿、灰绿、灰、淡棕	绿、蓝绿到无色，弱多色性	无色、绿、黄绿弱多色性	绿、黄绿，多色性明显	无色、浅红等
正交偏光	解理	(001)完全	(001)完全	(001)完全	(001)完全	(001)完全	(001)、(110)完全	(001)完全	(001)完全	无
	突起	正低	负低	正低~正中	正中	正中	正高	正低~负低	正低~正中	正高
	干涉色	I级灰	中等，但因晶体薄很少到II级	因晶体薄很少到II级	II级，但常受本身颜色影响	I级灰，常有异常干涉色	I级橙黄	I级灰白，偶尔有I级黄白	I级深灰，常有靛蓝异常干涉色	均质体
	消光角	近平行消光	近于平行消光	近于平行消光	近于平行消光	近平行平行消光	斜消光 $C \wedge N_g = 20°$	平行消光	平行消光	全消光
	延性	正延性	正延性	正延性		正延性	负延性	正延性		
	双晶						有时聚片双晶			有时聚片双晶
锥光	光性	2V(-)=42°	2V(-)=7°~25°	2V(-)很小	2V(-)=10°~24°	2V(-)=0°很小	2V(+)=39°~63°	2V(+,-)=20°~90°	2V(+,-)=0°~45°	
其他				似云母类的矿物，含较多的水	含钾及鲜艳绿色为特征		变质岩中，常变为白云母和绿泥石	橄榄石、辉石次生变化产物	暗色矿物次生变化产物	

附录二

彩色图版

图 I

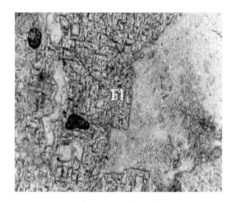

1. 萤石(Fl),负高突起

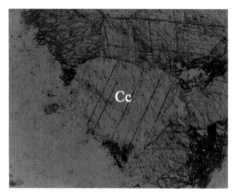

2. 方解石(Cc),负低突起

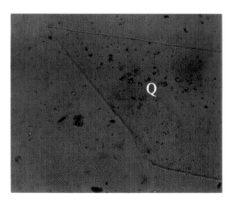

3. 石英(Q)正低突起,色散效应

4. 磷灰石(Ap),正中突起

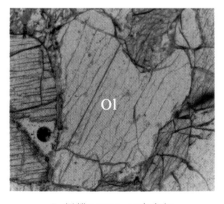

5. 橄榄石(Ol),正高突起

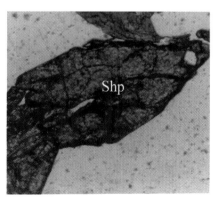

6. 榍石(Sph),正极高突起

139

图 Ⅱ

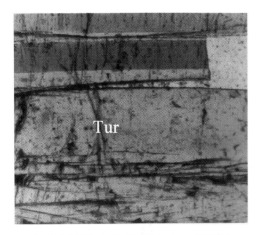

1. 电气石(Tur)//c 轴切面,N_e＝淡紫色

2. 电气石(Tur)//c 轴切面,N_o＝暗蓝色

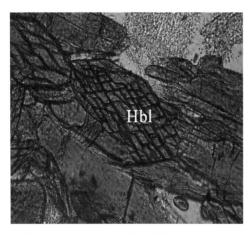

3. 普通角闪石(Hbl),垂直 c 轴切面,N_m＝绿色

4. 普通角闪石(Hbl)//(010)切面,N_g＝暗绿色

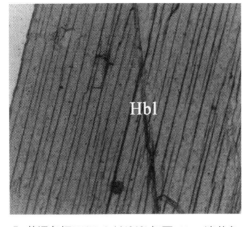

5. 普通角闪石(Hbl)//(010)切面,N_p＝淡黄色

6. 黑云母(Bi)垂直(001)切面,$N_g＝N_m$＝暗褐色

图 Ⅲ（曾广策，2017）

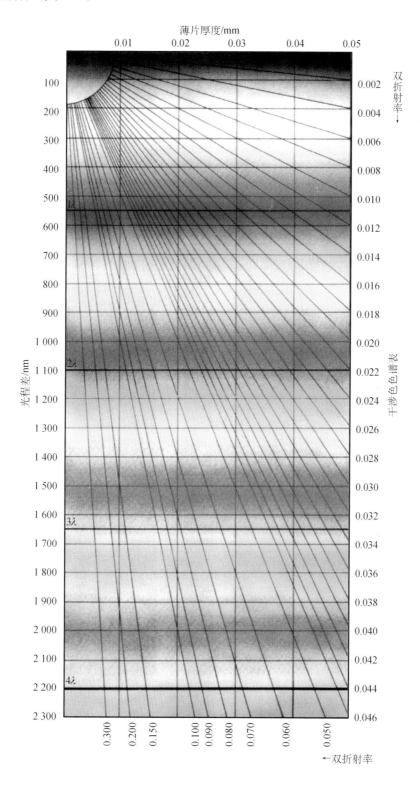

图 Ⅳ

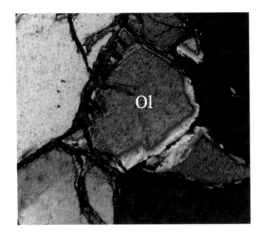

1. 橄榄石（Ol）具楔形边，边缘干涉色升高

2. 透长石（Tr），卡氏双晶

3. 斜长石（Pl），聚片双晶

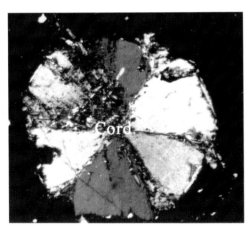

4. 董青石（Cord），轮式双晶（六连晶）

5. 微斜长石（Mic），格子状双晶

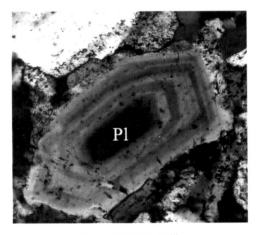

6. 斜长石（Pl），环带

图 Ⅴ（曾广策，2017）

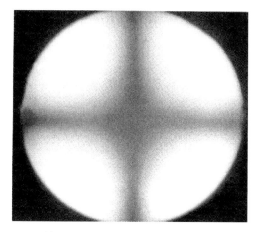

1. 一轴晶⊥OA 切面干涉图（干涉色色圈少）

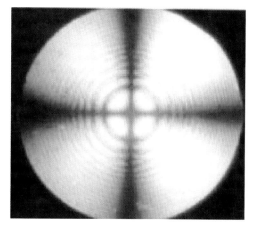

2. 一轴晶⊥OA 切面干涉图（干涉色色圈多）

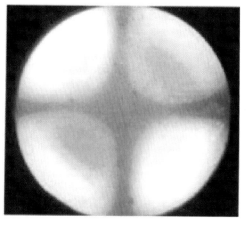

3. 一轴晶⊥OA 切面干涉图（干涉色色圈少）
　加石膏试板，正光性矿物

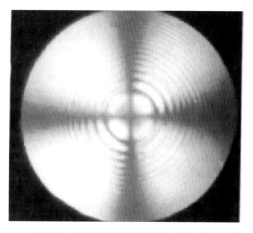

4. 一轴晶⊥OA 切面干涉图（干涉色色圈多）加
　石膏试板，负光性矿物

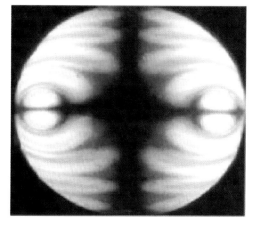

5. 二轴晶⊥Bxα 切面 0°干涉图（干涉色色圈多）

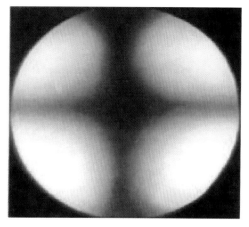

6. 二轴晶⊥Bxα 切面 0°干涉图（干涉色色圈少）

图Ⅵ（曾广策，2017）

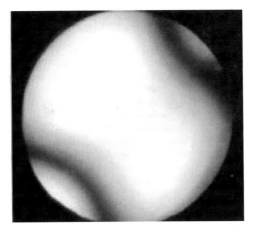

1. 二轴晶⊥$Bx\alpha$ 切面 45°干涉图（干涉色色圈少）

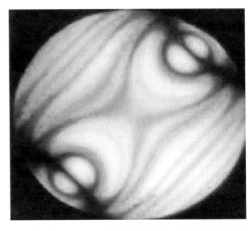

2. 二轴晶⊥$Bx\alpha$ 切面 45°干涉图（干涉色色圈多）

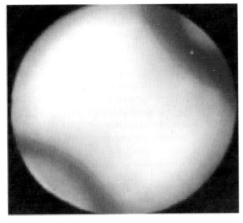

3. 二轴晶⊥$Bx\alpha$ 切面 45°干涉图（干涉色色圈少）
加石膏试板，正光性符号

4. 二轴晶⊥$Bx\alpha$ 切面 45°干涉图（干涉色色圈多）
加石膏试板，负光性符号

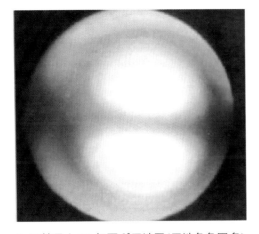

5. 二轴晶⊥OA 切面 0°干涉图（干涉色色圈多）

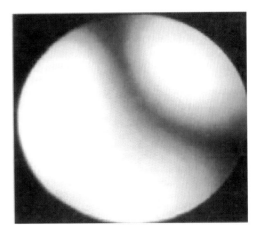

6. 二轴晶⊥OA 切面 45°干涉图（干涉色色圈少）

图Ⅶ

1. 斑状结构,斜长石斑晶(Pl),周围是隐晶质
   正交偏光

2. 球粒结构,球状流纹岩(常丽华,2009),正交
   偏光

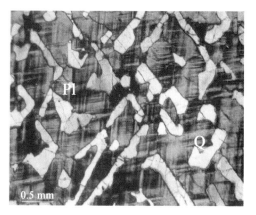

3. 文象结构,微斜长石(Mic)晶体中镶嵌同时
   消光的石英(Q)(常丽华,2009),正交偏光

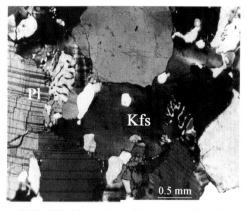

4. 蠕虫结构,斜长石(Pl)和钾长石(Kfs)接触处,
   斜长石中见蠕虫结构(常丽华,2009),正交偏光

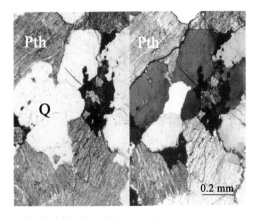

5. 条纹结构,碱长花岗岩中的条纹长石(Pth)和
   石英(Q)条纹长石内的条纹较规则且呈细
   纹状(常丽华,2009),正交偏光

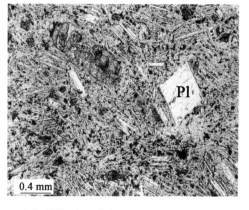

6. 交织结构,斑晶为斜长石,基质由针柱状斜长
   石微晶定向或半定向排列(常丽华,2009),
   单偏光

图Ⅷ

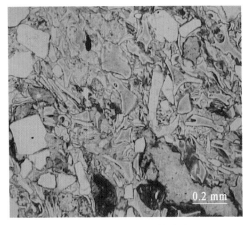

1. 火山凝灰岩中鸡骨状玻屑，单偏光

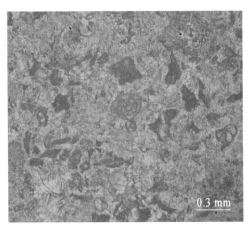

2. 石灰岩中的生物碎屑（骨屑），单偏光

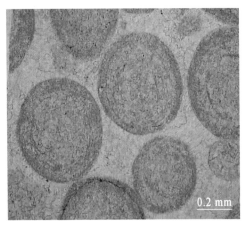

3. 石灰岩中的鲕粒，单偏光

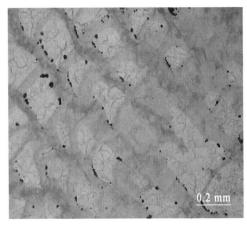

4. 生物骨架结构，由文石组成的珊瑚骨架，其间为方解石，单偏光

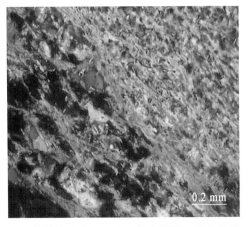

5. 千枚状构造，绢云母和石英定向排列，正交偏光

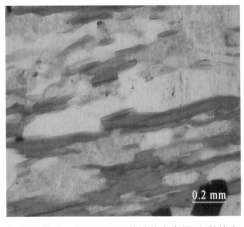

6. 片理构造，绿泥石和石英片状定向排列，单偏光

参考文献

［1］赵珊茸.结晶学及矿物学[M].2 版.北京:高等教育出版社,2011.

［2］潘兆橹.结晶学及矿物学[M].北京:地质出版社,1985.

［3］倪志耀.晶体光学[M].3 版.北京:地质出版社,2011.

［4］李德惠.晶体光学[M].北京:地质出版社,1993.

［5］曾广策,朱云海,叶德隆.晶体光学及光性矿物学[M].武汉:中国地质大学出版社,2017.

［6］常丽华,陈曼云,金巍,等.透明矿物薄片鉴定手册[M].北京:地质出版社,2006.

［7］卢静文,彭晓蕾.金属矿物显微镜鉴定手册[M].北京:地质出版社,2010.

［8］邱家骧.岩浆岩岩石学[M].北京:地质出版社,1985.

［9］赖绍聪. 岩浆岩岩石学[M].2 版.北京:高等教育出版社,2016.

［10］常丽华,曹林,高福红.火成岩鉴定手册[M].北京:地质出版社,2009.

［11］曾允孚,夏文杰.沉积岩石学[M].北京:地质出版社,1986.

［12］朱筱敏. 沉积岩石学[M].4 版.北京:石油工业出版社,2008.

［13］贺同兴,卢良兆,李树勋,等.变质岩岩石学[M].北京:地质出版社,1980.

［14］程素华,游振东.变质岩岩石学[M].北京:地质出版社,2016.

［15］陈曼云,金巍,郑常青.变质岩鉴定手册[M].北京:地质出版社,2009.

［16］桑隆康,马昌前.岩石学[M].2 版. 北京:地质出版社,2012.

［17］姜尧发,钱汉东,孙宝玲,等.矿物岩石学[M].2 版.北京:地质出版社,2015.

［18］叶真华,刘琦.矿物和岩石鉴定实验指导[M].上海:同济大学出版社,2015.